MastercamX7 建模与数控加工实例

李 杰 马苏常 编著

国防工业出版社
·北京·

内 容 简 介

全书以实际项目为背景,基于中高等院校机械加工专业数控加工课程教育需要,结合当前应用广泛、功能强大的 CAD/CAM 软件 MastercamX7,深入浅出地介绍了 MastercamX7 建模和数控加工的流程、方法和技巧。全书共 11 章,从设计和加工两个方面介绍了 Mastercam 的使用方法与技巧,设计功能方面主要介绍了二维线框建模、三维实体建模、曲面建模的过程和相关知识;加工功能方面介绍了三轴、四轴、五轴数控加工的主要加工策略及操作方法和技巧。

本书主要面向从事数控编程的学生、技术人员以及对数控编程有兴趣的广大读者,可以作为大中专院校、中职技工学校师生的教材,也可以供工程技术人员学习参考。

图书在版编目(CIP)数据

Mastercam X7 建模与数控加工实例/李杰,马苏常编著 . —北京:国防工业出版社,2016.2
ISBN 978-7-118-10668-8

Ⅰ.①M… Ⅱ.①李… ②马… Ⅲ.①数控机床—计算机辅助设计—应用软件 Ⅳ.①TG659-39

中国版本图书馆 CIP 数据核字(2016)第 038006 号

※

国防工业出版社出版发行
(北京市海淀区紫竹院南路 23 号 邮政编码 100048)
三河市腾飞印务有限公司印刷
新华书店经售

*

开本 787×1092 1/16 印张 17¾ 字数 409 千字
2016 年 2 月第 1 版第 1 次印刷 印数 1—3000 册 定价 48.00 元

(本书如有印装错误,我社负责调换)

国防书店:(010)88540777 发行邮购:(010)88540776
发行传真:(010)88540755 发行业务:(010)88540717

　　CAD/CAM 技术的发展与数控制造技术相辅相成,中国作为制造大国,数控制造技术在近几年发展迅速。MastercamX7 作为美国 CNC 软件公司的主流 CAD/CAM 产品,得到了国内外数控制造业的追捧。另外随着数控技术的发展,MastercamX7 已经成为我国制造企业和数控技能竞赛、世界数控技能竞赛的主要应用软件,越来越多的参赛者和企业人员对 Mastercam 学习指导书提出了更大的需求。同时,我校开展的"数控技能训练"课程也将 MastercamX7 作为 CAD/CAM 技术培训的主要教学软件。因此 MastercamX7 学习指导书对于院校教学、技能竞赛以及企业生产都具有较高的实用价值。

　　从总体上看,全书以实际项目为背景,基于中高等院校机械专业数控加工课程教学需要,结合当前应用广泛、功能强大的 CAD/CAM 软件 MastercamX7,深入浅出地介绍了 MastercamX7 建模和数控加工的流程、方法和技巧。分别从设计和加工两个方面介绍了 Mastercam X7 的使用方法与技巧。设计功能方面主要介绍了二维线框建模、三维实体建模、曲面建模的过程和相关知识;加工功能方面介绍了三轴、四轴、五轴数控加工的主要策略及操作方法和技巧,《MastercamX7 建模与数控加工实例》最大的特点是零件的建模与加工相辅相成,建模方式划分明确,容易掌握。加工方面从生产实际入手,加工策略的选用完全以实际加工工艺过程为依据,通过具有代表性的工程实例将 MastercamX7 的功能融合到不同案例中,更加方便读者学习。

　　此外,本书强调了工艺思路的培养和训练。不难看出在教材的编写过程中,每个实例的讲解和演示都是按着实际生产加工的顺序进行的。因此无论读者是初学者或是熟练操作者,都可以跟随教材的设置顺序进行学习,不仅能够在软件操作和软件功能上取得收获,而且能够在加工工艺方面得到很好的锻炼。该教材以学习者的思路作为编写主线,对于学习过程中可能遇到的问题给予提示,在讲述每一个实例前,首先会告诉读者会遇到什么问题,解决方案有哪些,哪种方案是最优的。对于读者自学有很大的帮助作用。

　　本书将软件功能与实际生产加工相结合,通过详尽的解释和演练,使读者掌握解决实际问题的技能,并应用到实际加工当中去。不仅适合作为职业院校数控专业职业技能训练的教材,也适合作为职业技能培训教材,还可以作为考取数控铣工、加工中心操作工等工种职业资格的参考书。

徐国胜

2016 年 1 月

Mastercam 是由美国 CNC Software NC 公司开发推出的基于 PC 平台的 CAD/CAM 一体化软件,软件自问世以来,进行了不断地改进和升级。软件功能日益完善,因此受到越来越多的用户青睐。目前 Mastercam 以优良的性价比、常规的硬件要求、灵活的操作方式、稳定的运行效果等优点,成为国内外制造业应用最为广泛的 CAD/CAM 集成软件之一。Mastercam X7 是目前 CNC Software NC 公司推出的全新版本,其功能更加全面。编者结合自身的教学经验编写了此书。

全书以实际项目为背景,特别强调加工工艺思路的培养和训练。编者认为自动编程软件仅仅是生产加工中用到的工具,编程和工艺思路才是重点掌握内容。因此在教材编写过程中每个实例的讲解和演示都按照实际生产加工的顺序进行。通过专业技术和大量实例结合的形式,深入浅出地介绍了 MastercamX7 线框建模、曲面建模、特征建模及三轴、四轴、五轴加工的流程、方法和技巧。本书共分为 11 章,分别从设计和加工两个方面介绍了 Mastercam 的使用方法与技巧。设计功能方面介绍了二维以及三维图形绘制与编辑、曲面和曲线的创建与编辑等知识;加工功能方面介绍了二维加工与三维加工等。本书的核心内容是将软件功能与实际生产加工相结合,通过详尽的解释和演练,使读者掌握解决问题的技能并能够应用到实际加工当中去。

本书由天津职业技术师范大学李杰、马苏常编著。李杰完成了第 1、2、3、4、5、8、10 章的编写,马苏常完成了第 6、7、9、11 章的编写。

本书主要面向有意愿从事数控编程的学生、技术人员以及对数控编程有兴趣的广大读者,可以作为大中专院校、中职技工学校师生的教材,也可以供工程技术人员学习参考。由于编者水平有限,书中难免存在一些错误和不妥之处,恳请各位读者提出宝贵意见,以利完善。

编 者
2015 年 11 月

CONTENTS **目录**

第 11 章　MasterCAM 后置处理

第1章
二维线框建模与加工

✦ 本章要点

　　二维线框建模与加工是 MasterCAM 软件的应用基础,二维线框加工更是 MasterCAM 软件的亮点。MasterCAM 可以由简单的二维线框模型生成不同的 2D 轨迹,这个功能尤其适用于一般的二维轮廓加工或者 2.5 轴加工,因此在本章应重点掌握如何将零件图纸的图素按加工需求绘制成适合 2D 加工的二维线框模型,其次是掌握 MasterCAM 建模与生成刀具轨迹的一般过程。

✦ 零件图分析

1.1　二维轮廓建模

　　图 1-1-1 所示为二维线框模型,线框模型由正面和反面两部分组成,包含外轮廓、内轮廓和孔等图素。

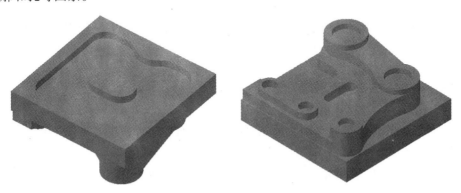

图 1-1-1　二维线框模型

1.1.1　建模工艺分析

　　建模前首先要明确创建模型的工艺路线,二维轮廓零件的建模工艺路线如图 1-1-2 所示。

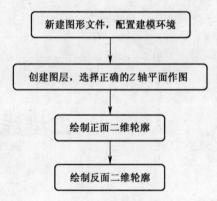

图 1-1-2 二维轮廓零件的建模工艺路线

1.1.2 正面轮廓建模

1. 新建一个图形文件

在工具栏中单击▇新建按钮,或者从菜单栏中选择"文件"→"新建文件"命令,从而新建一个 Mastercam X7 文件。

2. 相关属性状态设置

默认的绘图面为俯视图,在状态栏处的构图深度 Z 值为"0",图层为"1",图素深度见图 1-1-3。

3. F9 激活屏幕信息

图 1-1-4 为屏幕信息。

4. 绘制直线确定圆心

(1) 绘制直线水平线:单击绘图工具栏╲▾选项,绘制任意线,单击▭水平按钮,在绘图区域的适当位置绘制一条直线,输入距离值"25",按 Enter 键,单击应用按钮▇,结果如图 1-1-5 所示。

(2) 绘制直线垂直线:单击▌垂直按钮,在绘图区域的适当位置绘制一条直线,输入距离值"-25",按 Enter 键,单击"应用"按钮,最后单击"确定"按钮▇,结果如图 1-1-6 所示。

其他孔位绘制方法与此同理,如图 1-1-7 所示。

5. 绘制圆

在绘图工具栏单击▇▾(圆心+点)按钮,捕捉两直线的交点并单击它,在"编辑圆心点"操作栏单击▇(直径)按钮,在其文本框键入▇ 14.0 ▾▌,按 Enter 键,单击"应用"按钮,接着画圆,最后单击"确定"按钮,绘制的圆如图 1-1-8 所示。

6. 绘制切线、圆弧

(1) 绘制切线:单击"绘制任意线"按钮,单击▇(T 相切)按钮,在绘图区域,分别单击需要相切的两个圆,单击"确定"按钮。

(2) 绘制圆弧:单击▇▾右边下三角按钮,弹出菜单,单击切弧▇按钮,单击▇(切二物体)按钮,在▇ 0.0 ▾▌的对话框中键入圆弧的直径"96",按 Enter 键,在绘图区域单击与圆弧相切的两个圆,选取所取的圆弧,按"确定"按钮,单击▇▾右边下三角按钮,弹出菜

2

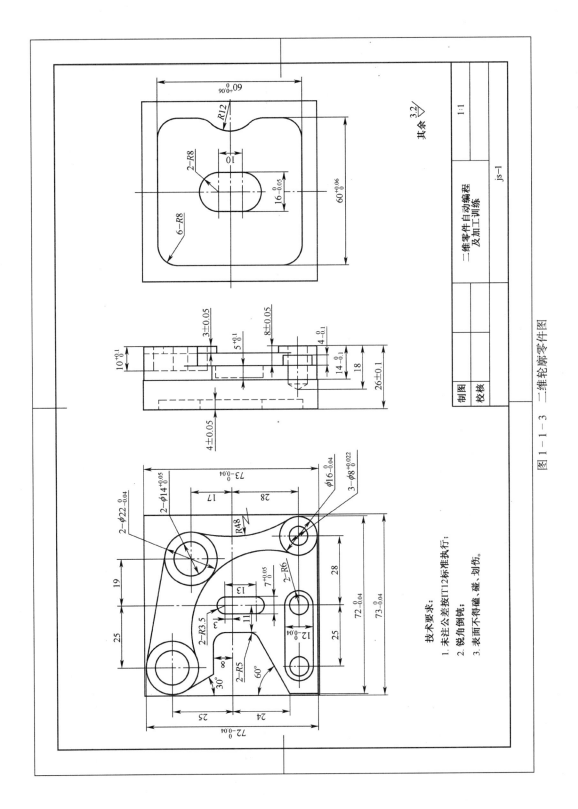

其余 3.2 ∇

二维零件自动编程
及加工训练

制图

校核

js-1

1:1

技术要求:
1. 未注公差按IT12标准执行;
2. 锐角倒钝;
3. 表面不得碰、碰、划伤。

图 1－1－3 二维轮廓零件图

3

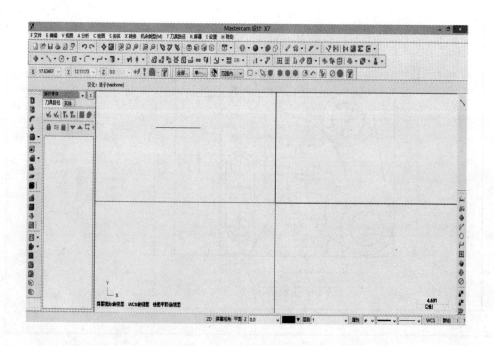

图 1-1-4　屏幕信息

图 1-1-5　绘制直线水平线

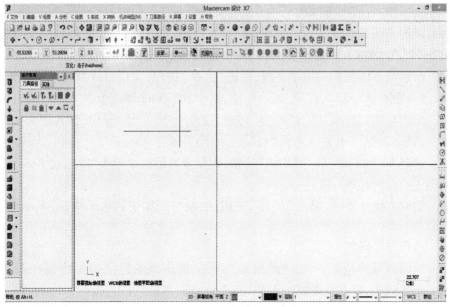

图 1-1-6　绘制直线垂直线

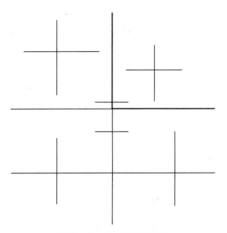

图 1-1-7　绘制孔位

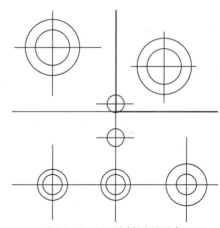

图 1-1-8　绘制圆形图素

单,单击"三点画弧",在绘图区域单击与圆弧相切的三个圆,单击"确定"按钮,如图 1-1-9 所示。

7. 绘制直线、倒圆角

（1）绘制 30°的斜线,单击绘图工具栏绘制任意线,单击"相切"按钮,在 ∠ 角度对话框中输入数值"300",按 Enter 键,在绘图区域确定圆相切的第一个端点,确定直线第二个端点。

（2）绘制直线水平线,单击"水平"按钮,在绘图区域的适当位置绘制一条直线,输入距离值"8"在 ⬚ 0.0 ⬚ ⬚ 中,按 Enter 键或单击"应用"

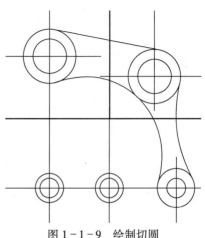

图 1-1-9　绘制切圆

按钮。

（3）绘制直线垂直线，单击"垂直"按钮，在绘图区域的适当位置绘制一条直线，键入距离值"-11"在 ↕ [0.0] ↔ 中，按 Enter 键或单击"应用"按钮。

（4）绘制与φ16 圆相切的水平线，单击"水平"按钮，在绘图区域的适当位置绘制一条直线，键入距离值"-36"，在 ↕ [0.0] ↔ 中，按 Enter 键或单击"应用"按钮。

（5）绘制直线垂直线，单击"垂直"按钮，在 ↕ [0.0] ↔ 中，键入距离值"-36"，在长度对话框 [0.0] 键入数值"12"。

（6）绘制60°的斜线，单击"相切"按钮，在角度对话框中键入"30"，按 Enter 键，在绘图区域确定直线的起点与终点。

（7）绘制直线水平线，单击"相切"按钮，绘制与圆相切的水平线，按 Enter 键，单击"应用"按钮。

（8）操作与⑦同理。

（9）绘制直线垂直线，单击"垂直键"，在绘图区域的适当位置绘制一条直线，在 ↕ [0.0] ↔ 中，键入距离值"-3.5"，按 Enter 键，单击"应用"按钮，（1）与（9）同理，单击"确定"按钮，如图 1-1-10 所示。

单击 ⌒（倒圆角）按钮，单击 ◗（修建）按钮，在 ◉ [5.0] 中，键入半径值"5"，单击需要倒角的两个图素，单击"应用"按钮，倒下一个圆角，同理，单击"确定"按钮，如图 1-1-11 所示。

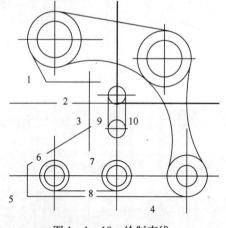

图 1-1-10　绘制直线

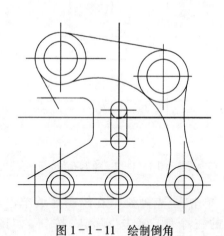

图 1-1-11　绘制倒角

8. 修剪

单击 ✄（修剪/打断/延伸）按钮，单击 ⊞（分/删除）按钮，单击绘图区域不要的部分，单击"确定"按钮，如图 1-1-12 所示。

9. 绘制矩形

单击 ▭ ▾（距形）按钮，单击 ⊞ 设置基准点为中心点，在 [73.0] 中输入宽度和在 [73.0] 中输入高度的数值分别为"73"，"73"，单击"确定"按钮，如图 1-1-13 所示。

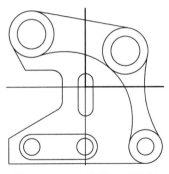

图 1-1-12 修剪一面轮廓

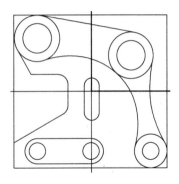

图 1-1-13 绘制矩形轮廓

将图形移到所需要加工的深度,方便加工,首先单击 █ (平移)按钮,选择 φ14 的圆,按 Enter 键,弹出菜单,单击"移动"按钮,在 ΔZ 输入所要平移的值"-10",单击"确定"按钮,其他深度移动操作相同,深度移动完成后,分层视图如图 1-1-14 所示。

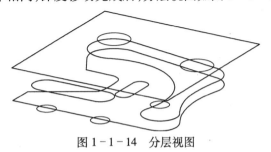

图 1-1-14 分层视图

1.1.3 反面轮廓建模

(1)新建图层 2,设置绘图面为底视图,构图深度 Z 值为"0",将图层 1 图突显取消。

(2)绘制中间的圆角形。

① 单击 ▦ · 右边的下拉箭头,选择 ▦ 在 ▦ 16.0 ▦ 中,输入"16",在 ▦ 0.0 ▦ 中输入"28",单击 ▦,单击"确定"按钮,如图 1-1-15 所示。

② 绘制矩形、圆,进行修剪,倒圆角,如图 1-1-16 所示。

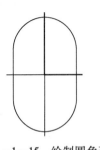

图 1-1-15 绘制圆角形

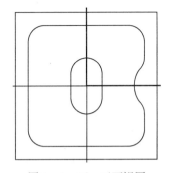

图 1-1-16 正面视图

二维零件正反两面的图形绘制完成。

1.2 二维轮廓加工工艺分析

1.2.1 图纸分析

图 1-1-3 为二维轮廓零件图,二维零件按从上到下层次来分,有五个深度层。在 3mm±0.05mm 深度层,有两个 $\phi22_{-0.04}^{0}$mm 圆柱,一个 $\phi16_{-0.04}^{0}$mm 圆柱;在 8mm±0.05mm 深度层,有由两个 $\phi22_{-0.04}^{0}$mm 圆弧,$\phi16_{-0.04}^{0}$mm 圆弧和 R48mm 圆弧等构成的轮廓,有由 $12_{-0.04}^{0}$mm 和 R6mm 构成的高 $4_{-0.1}^{0}$mm 轮廓,有宽 $7_{0}^{+0.05}$mm、深 $5_{0}^{+0.1}$mm 键槽;在 $14_{-0.1}^{0}$mm 深度层,有由 $72_{-0.04}^{0}$mm、$\phi22_{-0.04}^{0}$mm、$\phi16_{-0.04}^{0}$mm、R48mm、60°和 30°等尺寸构成的轮廓;在 26mm±0.1mm 深度层,有 $73_{-0.04}^{0}$mm × $73_{-0.04}^{0}$mm 方形轮廓;在底面有 $60_{0}^{+0.06}$mm×$60_{0}^{+0.06}$mm深 4mm±0.05mm 方槽,方槽中间有宽 $16_{-0.05}^{0}$mm 的岛屿;此外还有三个 $\phi8_{0}^{+0.022}$mm 深 18mm 孔。孔的表面粗糙度为 $Ra1.6\mu$m,其余为 $Ra3.2\mu$m,零件尺寸精度较高,加工时应重点保证其加工精度。

1.2.2 加工过程

图纸分析完成后进行加工过程分析,加工过程中用到的工量夹具见表 1-2-1。

(1) 毛坯选择:依据图纸,材料选择硬铝,毛坯尺寸 75mm×75mm×28mm。

(2) 结构分析:零件几何特征表现为柱体、槽和孔。各结构较为常见,以轮廓加工为主,在加工时重点考虑装夹、加工刚性、切削用量等问题。

(3) 精度分析:经过图纸分析,零件精度要求多为 IT7~IT9 级,自由尺寸公差为 ±0.15mm,孔的表面粗糙度为 $Ra1.6\mu$m,其余表面粗糙度要求 $Ra3.2\mu$m,在加工时应合理安排加工工艺,重点考虑工件的加工变形、关键尺寸的控制等问题。

(4) 定位及装夹分析:工件的装夹方法直接影响零件的加工精度和加工效率,必须根据结构考虑。该零件毛坯为方形材料,可采用精密平口钳和垫铁配合使用来完成零件装夹,工件装夹高度由垫铁调整,轻夹工件,用木锤轻敲工件上表面,检查工件和垫铁接触状态,然后夹紧工件,工件装夹即完成。

单个零件定位时可采用定位心轴、光电式寻边器、机械式寻边器及杠杆表来找正,利用机床位置显示功能,确定零点,零点的位置要与编程零点位置一致,尽可能与设计基准重合。

根据零件图分析,使用机械式寻边器将各个零件工作坐标系原点 X、Y 轴设置在零件的中心,Z 轴根据装夹情况设置在零件的上表面。

(5) 加工工艺分析:经过以上分析,考虑到零件的结构,加工时总体安排顺序是先定位装夹加工外方和底面 $60_{0}^{+0.06}$mm×$60_{0}^{+0.06}$mm 深 4mm±0.05mm 方槽及中间宽 $16_{-0.05}^{0}$mm 的岛屿,翻面二次定位装夹加工正面轮廓。

表 1－2－1　工量夹具清单

序号	类别	名称	规格	数量	备注
1	材料	LY12	75mm×75mm×30mm		
2	刀具	高速钢立铣刀	φ12、φ8、φ6mm	各1支	
		中心钻	φ3mm		
		钻头	φ7.8mm		
3	夹具	精密平口虎钳	0~300mm	1套	
4	量具	游标卡尺	1~150mm	1把	
		千分尺	0~25mm、25~50mm、50~75mm	各1把	
		深度千分尺	0~25mm	1把	
		内测千分尺	5~30mm	1把	
5	工具	铣夹头		2个	
		钻夹头		1个	
		弹簧夹套	φ12mm、φ8mm、φ6mm	各1个	与刀具配套
		平行垫铁		1副	装夹高度6mm
		锉刀	6寸	1把	
		油石		1支	

1.3　二维轮廓加工编程过程

1.3.1　二维零件自动编程及加工——正面加工

步骤一、启动 Mastercam X7 打开文件

（1）启动 Mastercam X7，选择"文件"→"打开"命令，弹出"打开"对话框，选择"二维零件自动编程及加工训练 . mcx"文件。

（2）单击"打开"对话框中的按钮，打开该文件，单击工具栏上的"等角视图"按钮 ⊕，此时图形区显示如图 1－3－1 所示图形。

步骤二、选择加工系统

选择"机床类型"→"铣床"→"默认"命令，此时系统进入铣削加工模块。

步骤三、素材设置

（1）双击如图 1－3－2 中的"属性-mill Default MM"标识，展开"属性"后的"操作管理器"，如图 1－3－3 所示。

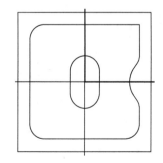

图 1－3－1　正面视图

（2）选择"属性"选项下的"材料设置"命令，系统弹出"机器群组属性"对话框，选择"材料设置"选项卡，设置毛坯形状为矩形，选中"显示"选项区域中的"线框加工"单选按钮，在显示窗口中以线框形式显示毛坯，如图 1－3－4 所示。

图1-3-2　操作管理　　　　　　　　　　图1-3-3　操作管理器展开

(3) 素材原点为(0,0,0),长为75mm,宽为75mm,高为30mm,单击"机器群组属性"对话框中的"确定"按钮,完成加工工件设置,如图1-3-5所示。

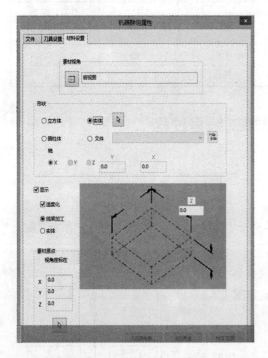

图1-3-4　"材料设置"选项卡

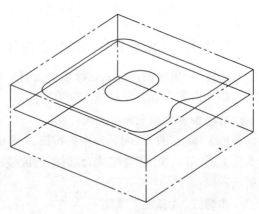

图1-3-5　设置的工件

步骤四、平面铣削加工

1. 启动面铣加工

(1) 选择"刀具路径"→"面铣"命令,弹出"输入新NC名称"对话框,重命名为"二维零件自动编程及加工训练1",如图1-3-6所示。

(2) 单击"确定"按钮,在弹出的"串连选项"对话框中选择图形区所示的轮廓线,如图1-3-7所示。

10

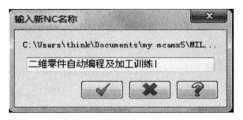

图 1-3-6　"输入新 NC 名称"对话框

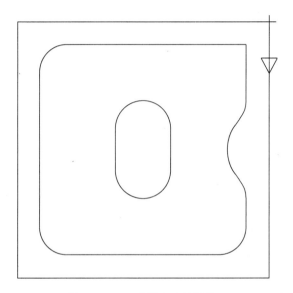

图 1-3-7　选择串连轮廓线

（3）单击"确定"按钮,完成选择,弹出"2D 刀具路径-平面铣削"对话框,如图1-3-8 所示。

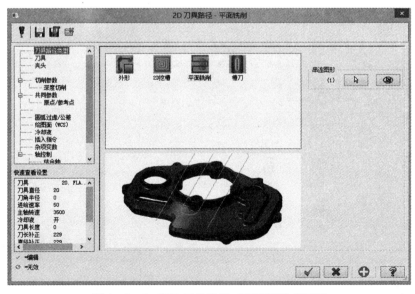

图 1-3-8　"2D 刀具路径-平面铣削"对话框

2. 设置加工刀具

（1）在"2D 刀具路径-平面铣削"对话框左侧的"参数类别列表"中选择"刀具"选项，出现刀具设置对话框，如图 1-3-9 所示。

（2）在对话框中右侧的空白处右击鼠标，选择"创新新刀具"按钮，弹出"定义刀具"对话框，在"类型"中选择"平底刀"，如图 1-3-10 所示。"平底刀"中输入刀具直径为 12mm，如图 1-3-11 所示，"参数"中键入数值，如图 1-3-12 所示。

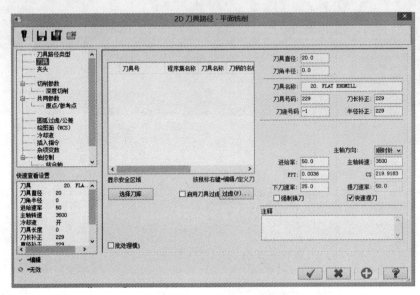

图 1-3-9　刀具设置对话框

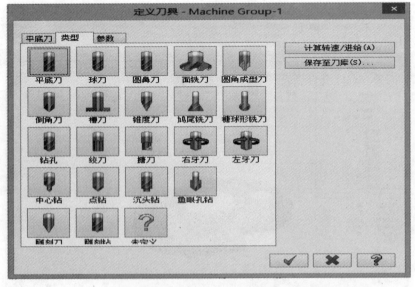

图 1-3-10　定义刀具对话框（一）

12

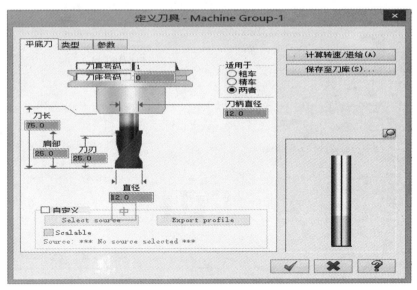

图 1-3-11　定义刀具对话框(二)

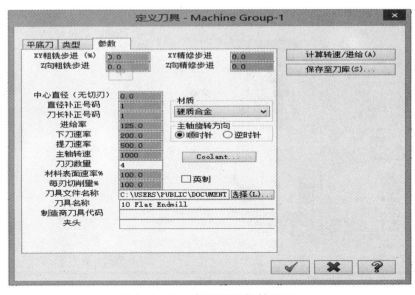

图 1-3-12　定义刀具对话框(三)

(3) 单击"确定"按钮后,返回"2D 刀具路径-平面铣削"对话框。

3. 设置切削参数

在左侧的"参数类别列表"中选择"切削参数"选项,弹出"切削参数"对话框,走刀类型设为"单向",其他参数设置如图 1-3-13 所示。

4. 设置平面加工高度参数

在左侧的"参数类别列表"中选中"共同参数"节点,设置高度参数,如图 1-3-14 所示。

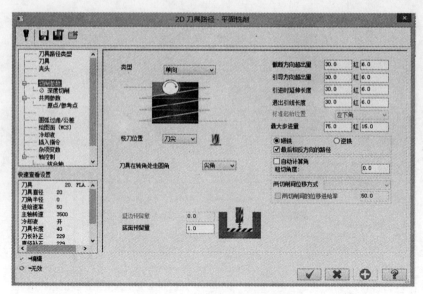

图 1-3-13 "切削参数"选项

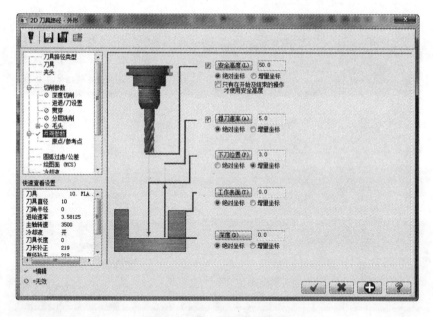

图 1-3-14 设置高度参数

5. 生成刀具路径并验证

（1）完成加工参数设置后，产生加工刀具路径，如图 1-3-15 所示。然后单击"操作管理器"中的"实体加工验证" 按钮，系统将弹出"验证"对话框，单击 ▶ 按钮，模拟结果如图 1-3-16 所示。

（2）单击"验证"对话框的"确定"按钮，结束模拟操作。然后单击"操作管理器"中的"关闭刀具路径显示" 按钮，关闭加工刀具路径的显示，为后续加工操作做好准备。

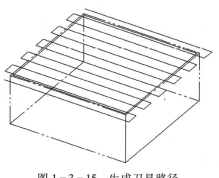

图 1-3-15　生成刀具路径

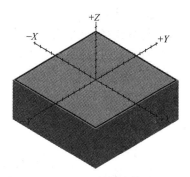

图 1-3-16　平面铣削实体验证效果

步骤五、外形轮廓加工

1. 启动外形铣削加工

（1）选择"刀具路径"→"外形铣削"命令,弹出"串连选项"对话框,选择"2D"和"串连选项",选择如图 1-3-17 所示的轮廓线。

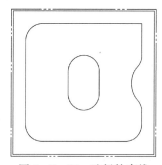

图 1-3-17　选择轮廓线

（2）单击"串连选项"对话框中的"确定"按钮,弹出"2D 刀具路径-外形铣削"对话框,如图 1-3-18 所示。

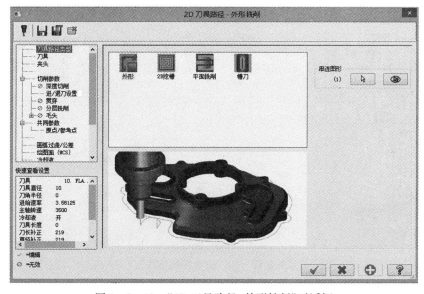

图 1-3-18　"2D 刀具路径-外形铣削"对话框

2. 设置加工刀具

在"2D 刀具路径-外形铣削"对话框左侧的"参数类别列表"中选择"刀具"选项,出现刀具设置对话框,仍选择刀具直径为 12mm 的平底刀,设置"进给速率""主轴转速""下刀速率"和"提刀速率",如图 1-3-19 所示。

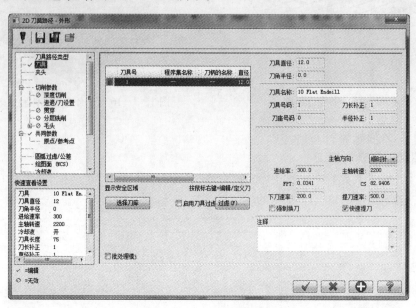

图 1-3-19　刀具设置对话框

3. 设置切削参数

在左侧的"参数类别列表"中选择"切削参数"选项,弹出切削参数对话框,设置相关参数,如图 1-3-20 所示。

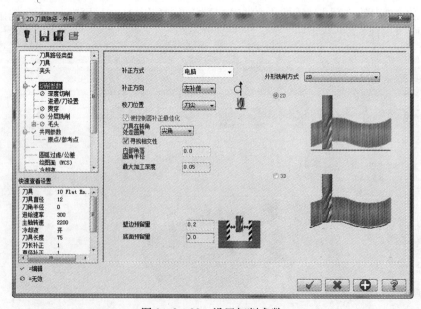

图 1-3-20　设置切削参数

16

4. 设置外形铣削高度参数

在左侧的"参数类别列表"中选中"共同参数"节点,设置高度参数,如图 1-3-21 所示。

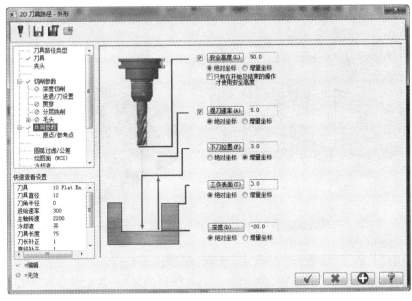

图 1-3-21 设置高度参数

5. 进/退刀设置

在左侧的"参数类别列表"中选择"进/退刀设置"选项,弹出"进/退刀参数"对话框。设置"进刀"中的切入直线长度为"5",退刀长度为"5"。圆弧半径进刀为"0",退刀为"0"。其余参数如图 1-3-22 所示。

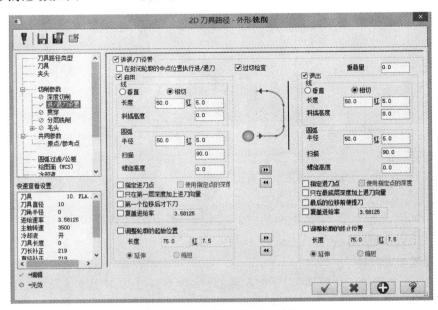

图 1-3-22 设置进/退刀参数

6. 生成刀具路径并验证

（1）完成加工参数设置后，产生加工刀具路径，如图1-3-23所示。然后单击"操作管理器"中的"实体加工验证" 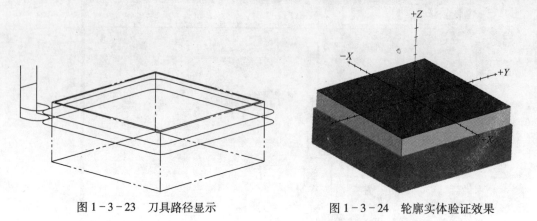 按钮，系统弹出"验证"对话框，单击 ▶ 按钮，模拟结果如图1-3-24所示。

图1-3-23 刀具路径显示　　　　图1-3-24 轮廓实体验证效果

（2）单击"验证"对话框中的"确定"按钮，结束模拟操作。然后单击"操作管理器"中的"关闭刀具路径显示" ≈ 按钮，关闭加工刀具路径的显示，为后续加工操作做好准备。

步骤六、标准挖槽加工

1. 启动挖槽加工

（1）选择"刀具路径"→"标准挖槽"命令，弹出"串连选项"对话框，选择"2D"和"串连选项"，选择如图1-3-25所示的轮廓线。

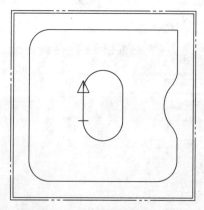

图1-3-25 选择轮廓线

（2）单击"串连选项"对话框中的"确定"按钮，弹出"2D刀具路径-标准挖槽"对话框，如图1-3-26所示。

2. 设置加工刀具

在"2D刀具路径-2D挖槽"对话框左侧的"参数类别列表"中选择"刀具"选项，出现"刀具设置"对话框，仍选择刀具直径为12mm的平底刀，设置"进给速率""主轴转速""下刀速率"和"提刀速率"，如图1-3-27所示。

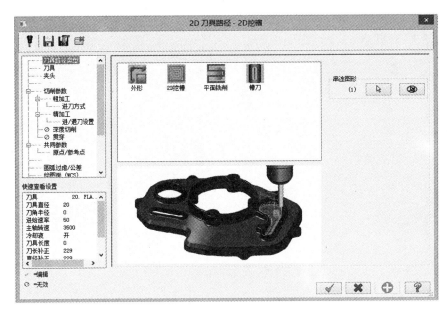

图 1-3-26 "2D 刀具路径-2D 挖槽"对话框

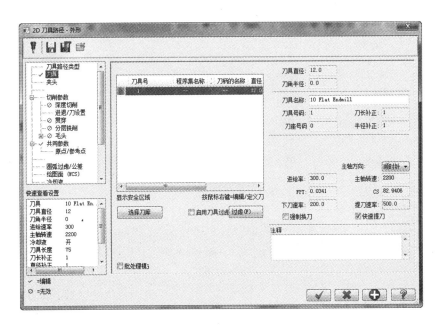

图 1-3-27 刀具设置对话框

3. 设置切削参数

在左侧的"参数类别列表"中选择"切削参数"选项,弹出"切削参数"对话框,设置相关参数,如图 1-3-28 所示。

4. 设置挖槽铣削高度参数

在左侧的"参数类别列表"中选中"共同参数"节点,设置高度参数,如图 1-3-29所示。

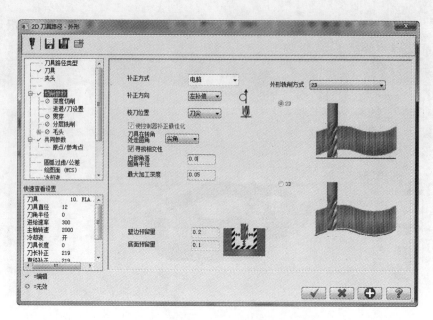

图 1 - 3 - 28　设置切削参数

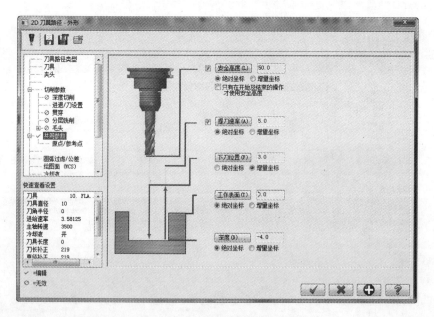

图 1 - 3 - 29　设置高度参数

5. 设置粗加工参数

在左侧的"参数类别列表"中选择"粗加工"选项,设置粗加工参数,如图 1 - 3 - 30 所示。

6. 设置精加工参数

(1) 在左侧的"参数类别列表"中选择"精加工"选项,设置精加工参数,如图 1 - 3 - 31 所示。

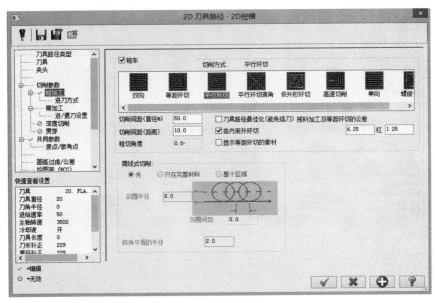

图1-3-30 设置粗加工参数

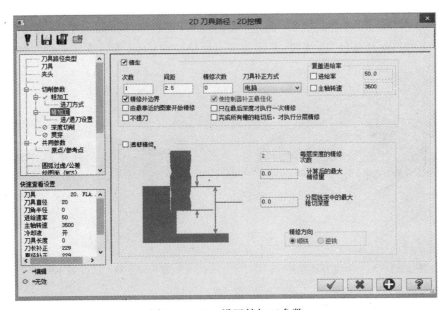

图1-3-31 设置精加工参数

（2）设置精加工进/退刀。在左侧的"参数类别列表"中选择"进/退刀设置"选项，设置精加工进/退刀参数，如图1-3-32所示。

（3）单击"确定"按钮，完成所有加工参数设置。

7. 生成刀具路径并验证

（1）完成加工参数设置后，产生加工刀具路径，如图1-3-33所示。然后单击"操作管理器"中的"实体加工验证" 按钮，系统弹出"验证"对话框，单击 ▶ 按钮，模拟结果，如图1-3-34所示。

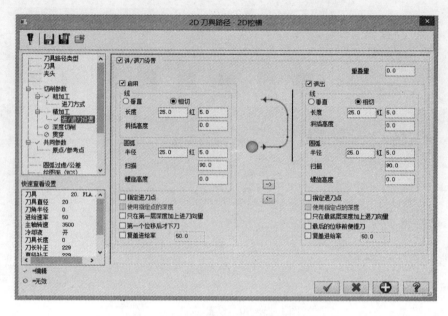

图1-3-32　设置精加工进/退刀参数

（2）单击"验证"对话框中的"确定"按钮,结束模拟操作。然后单击"操作管理器"中的"关闭刀具路径显示" ≋ 按钮,关闭加工刀具路径的显示,为后续加工操作做好准备。

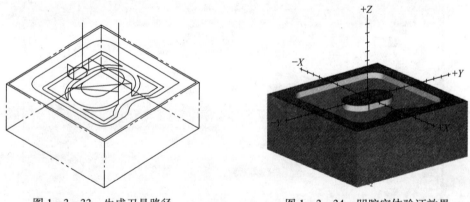

图1-3-33　生成刀具路径　　　　图1-3-34　凹腔实体验证效果

1.3.2　二维零件自动编程及加工——反面加工

步骤一、启动 Mastercam X7 打开文件

启动 Mastercam X7,选择"文件"→"打开"命令,弹出"打开"对话框,选择"二维轮廓.mcx"文件。

（1）在状态栏处左击"层别",状态如图1-3-35所示。将图层2设为当前图层,如图1-3-36所示。

（2）单击"打开"对话框中的"确定"按钮,将该图层的文件打开。单击工具栏上的"等角视图"按钮,此时图形区显示如图1-3-37所示的界面。

22

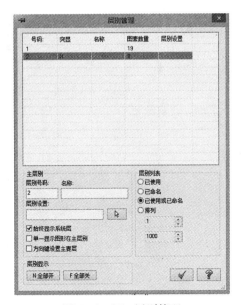

图 1-3-35　层别管理

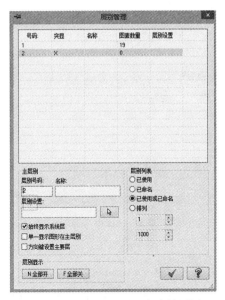

图 1-3-36　设置图层为当前图层

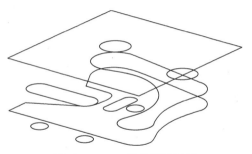

图 1-3-37　等角视图显示

步骤二、选择加工系统

选择"机床类型"→"铣床"→"默认"命令,此时系统进入铣削加工模块。

步骤三、素材设置

(1)双击如图 1-3-38 中的"属性 Miu Defawlt MM"标识,展开"属性"后的"操作管理器"。

(2)选择"属性"选项下的"材料设置"命令,系统弹出"机器群组属性"对话框,选择"材料设置"选项卡,设置毛坯形状为矩形,选中"显示"选项区域中的"线框加工"单选按钮,在显示窗口中以线框形式显示毛坯,如图 1-3-39 所示。

(3)素材原点为(0,0,0),长为 75mm,宽为 75mm,高为 30mm,单击"机器群组属性"对话框中的"确定"按钮,完成加工工件设置,如图 1-3-40 所示。

步骤四、平面铣削加工

1. 启动面铣加工

(1)选择"刀具路径"→"面铣"命令,弹出"输入新 NC 名称"对话框,重命名为"二维零件自动编程及加工训练 2",如图 1-3-41 所示。

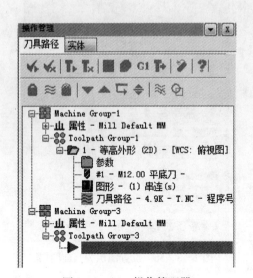

图 1-3-38　操作管理器

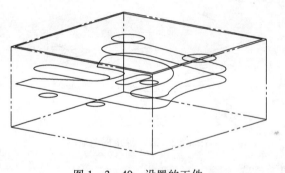

图 1-3-39　材料设置

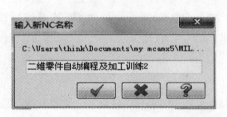

图 1-3-40　设置的工件

（2）单击"确定"按钮,在弹出的"串连选项"对话框中选择图形区所示的轮廓线,如图 1-3-42 所示。

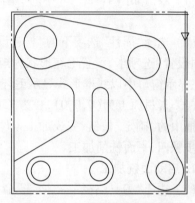

图 1-3-41　"输入新 NC 名称"对话框

图 1-3-42　选择串连轮廓线

24

（3）单击"确定"按钮，完成选择，弹出"2D刀具路径-平面铣削"对话框。

2. 设置加工刀具

（1）在"2D刀具路径-平面铣削"对话框左侧的"参数类别列表"中选择"刀具"选项，出现"刀具设置"对话框。

（2）在对话框中右侧的空白处右击鼠标，选择"创新新刀具"按钮，弹出"定义刀具"对话框，在"类型"中选择"平底刀"。在"定义刀具"中输入刀具直径为12，并在"参数"中键入数值。

（3）单击"确定"按钮确定后，返回"2D刀具路径-平面铣削"对话框。

3. 设置切削参数

在左侧的"参数类别列表"中选择"切削参数"选项，弹出"切削参数"对话框，走刀类型设为"单向"，其他参数设置如图1-3-43所示。

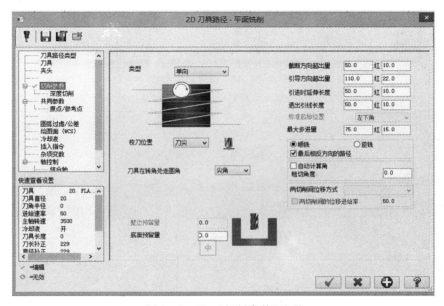

图1-3-43 "切削参数"选项

4. 设置平面加工高度参数

在左侧的"参数类别列表"中选中"共同参数"节点，设置高度参数，如图1-3-44所示。

5. 生成刀具路径并验证

（1）完成加工参数设置后，产生加工刀具路径，如图1-3-45所示。

（2）单击"验证"对话框的"确定"按钮，结束模拟操作。然后单击"操作管理器"中的"关闭刀具路径显示" ≋ 按钮，关闭加工刀具路径的显示，为后续加工操作做好准备。

步骤五、外形轮廓加工

1. 启动外形轮廓加工

（1）选择"刀具路径"→"外形铣削"命令，弹出"串连选项"对话框，选择"2D"和"串连选项"，选择如图1-3-46所示的轮廓线。

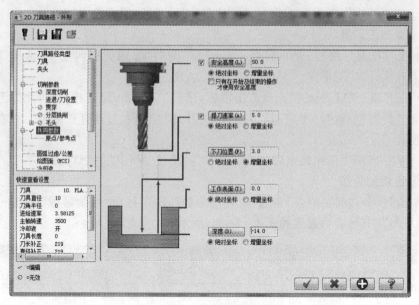

图 1-3-44　设置高度参数

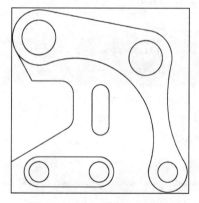

图 1-3-45　生成刀具路径

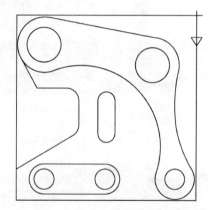

图 1-3-46　选择轮廓线

（2）单击"串连选项"对话框中的"确定"按钮,弹出"2D 刀具路径-外形铣削"对话框。

2. 设置加工刀具

在"2D 刀具路径-等高外形"对话框左侧的"参数类别列表"中选择"刀具"选项,出现"刀具设置"对话框,仍选择刀具直径为 12mm 的平底刀,参数如图 1-3-47 所示。

3. 设置切削参数

在左侧的"参数类别列表"中选择"切削参数"选项,弹出"切削参数"对话框,设置相关参数,如图 1-3-48 所示。

4. 设置外形铣削高度参数

在左侧的"参数类别列表"中选中"共同参数"节点,设置高度参数,如图 1-3-49 所示。

26

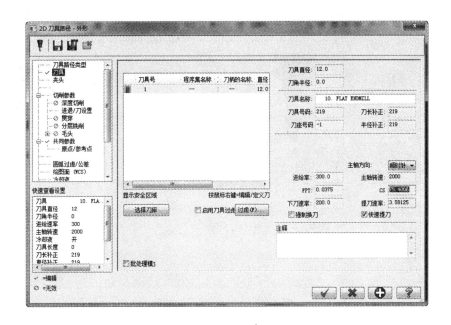

图 1-3-47 "刀具设置"对话框

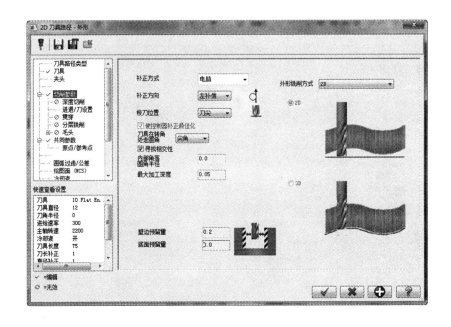

图 1-3-48 切削参数设置

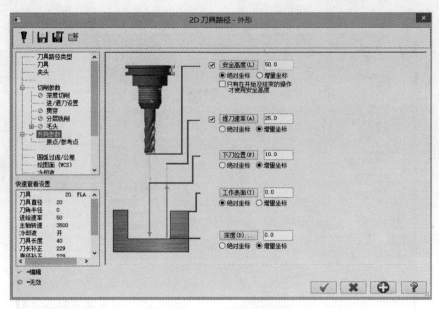

图 1-3-49　设置高度参数

5. 进/退刀设置

在左侧的"参数类别列表"中选择"进/退刀参数"选项,弹出"进/退刀参数"对话框。设置"进刀"中的切入直线长度为"5",退刀长度为"5"。圆弧半径进刀为"0",退刀为"0"。其余参数如图 1-3-50 所示。

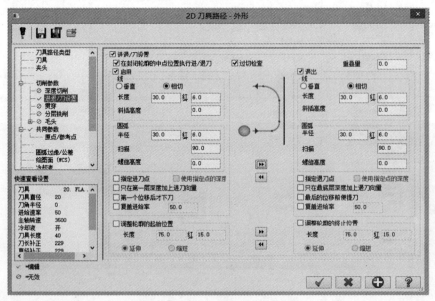

图 1-3-50　设置进/退刀参数

6. 生成刀具路径并验证

(1) 完成加工参数设置后,产生加工刀具路径,如图 1-3-51 所示。然后单击"操作管理器"中的"实体加工验证" ![按钮] 按钮,系统弹出"验证"对话框,单击 ▶ 按钮模拟结果

28

如图 1 - 3 - 52 示。

（2）单击"验证"对话框中的"确定"按钮，结束模拟操作。然后单击"操作管理器"中的"关闭刀具路径显示" ≋ 按钮，关闭加工刀具路径的显示，为后续加工操作做好准备。

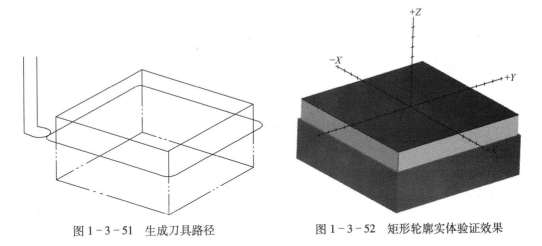

图 1 - 3 - 51　生成刀具路径　　　　　　图 1 - 3 - 52　矩形轮廓实体验证效果

步骤六、圆柱加工

1. 启动挖槽加工

（1）选择"刀具路径"→"标准挖槽"命令，弹出"串连选项"对话框，选择"2D"和"串连选项"，选择如图 1 - 3 - 53 所示的轮廓线。

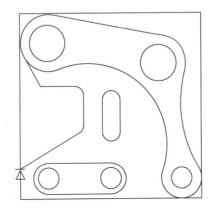

图 1 - 3 - 53　选择轮廓线

（2）单击"串连选项"对话框中的"确定"按钮，弹出"2D 刀具路径-2D 挖槽"对话框，如图 1 - 3 - 54 所示。

2. 设置加工刀具

在"2D 刀具路径-2D 挖槽"对话框左侧的"参数类别列表"中选择"刀具"选项，出现"刀具设置"对话框，仍选择刀具直径为 12mm 的平底刀，设置"进给速率""主轴转速""下刀速率"和"提刀速率"，如图 1 - 3 - 55 所示。

3. 设置切削参数

在左侧的"参数类别列表"中选择"切削参数"选项，弹出"切削参数"对话框，设置相关参数，如图 1 - 3 - 56 所示。

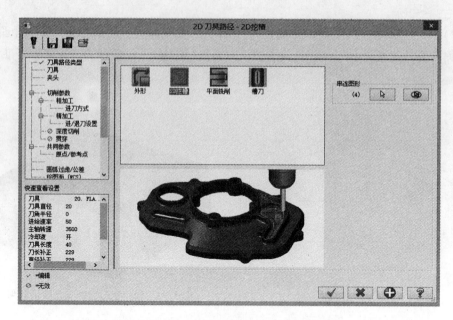

图 1-3-54 "2D 刀具路径-2D 挖槽"对话框

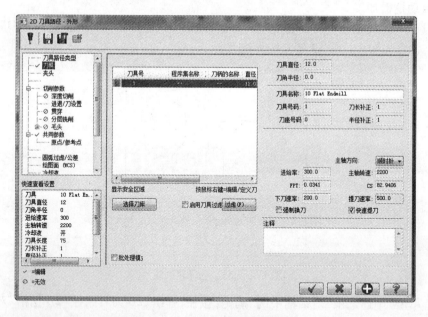

图 1-3-55 "刀具设置"对话框

4. 设置挖槽铣削高度参数

在左侧的"参数类别列表"中选中"共同参数"节点,设置高度参数,如图 1-3-57 所示。

5. 设置粗加工参数

在左侧的"参数类别列表"中选择"粗加工"选项,设置粗加工参数,如图 1-3-58 所示。

30

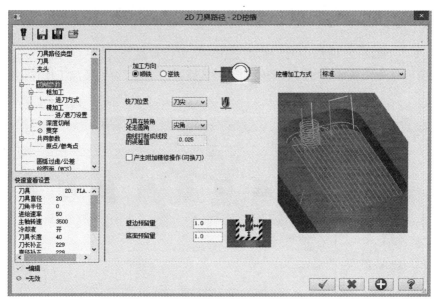

图 1-3-56　设置切削参数

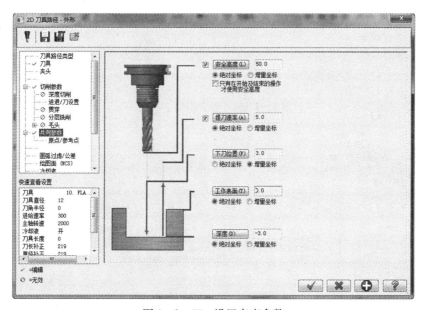

图 1-3-57　设置高度参数

（1）在左侧的"参数类别列表"中选择"精加工"选项,设置精加工参数,如图 1-3-59 所示。

（2）设置精加工进/退刀。在左侧的"参数类别列表"中选择"进/退刀参数"选项,设置精加工进/退刀参数,如图 1-3-60 所示。

（3）单击"确定"按钮,完成所有加工参数设置。

6. 生成刀具路径并验证

（1）完成加工参数设置后,产生加工刀具路径,如图 1-3-61 所示。然后单击"操作管理器"中的"实体加工验证" 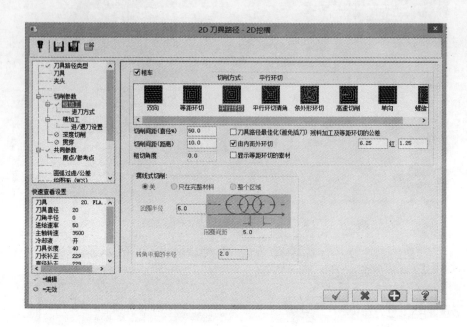 按钮,系统弹出"验证"对话框,单击▶按钮 ,模拟结果如图1-3-62所示。

（2）单击"验证"对话框中的"确定"按钮,结束模拟操作。然后单击"操作管理器"中的"关闭刀具路径显示" ≈ 按钮,关闭加工刀具路径的显示,为后续加工操作做好准备。

图1-3-58　设置粗加工参数

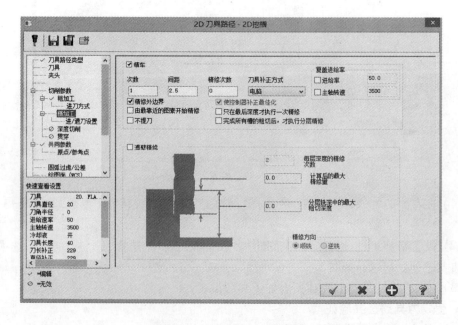

图1-3-59　设置精加工参数

32

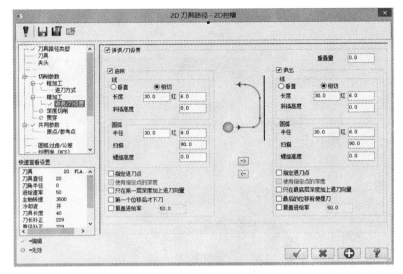

图 1-3-60 设置精加工进/退刀参数

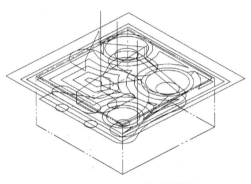

图 1-3-61 生成刀具路径

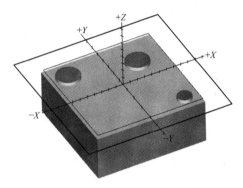

图 1-3-62 圆台轮廓实体验证效果

步骤七、键及异形凸台加工

1. 启动挖槽加工

（1）选择"刀具路径"→"2D 挖槽"命令,弹出"串连选项"对话框,选择"2D"和"串连选项",选择如图 1-3-63 所示的轮廓线。

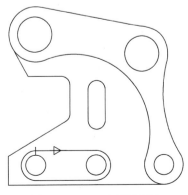

图 1-3-63 选择轮廓线

（2）单击"串连选项"对话框中的"确定"按钮，弹出"2D 刀具路径-2D 挖槽"对话框，如图 1-3-64 所示。

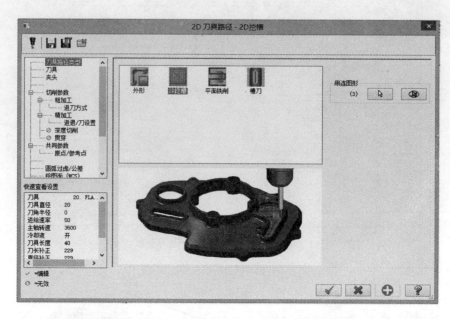

图 1-3-64 "2D 刀具路径-标准挖槽"对话框

2. 设置加工刀具

在"2D 刀具路径-标准挖槽"对话框左侧的"参数类别列表"中选择"刀具"选项，出现"刀具设置"对话框，仍选择刀具直径为 12mm 的平底刀，设置"进给速率""主轴转速""下刀速率"和"提刀速率"，如图 1-3-65 所示。

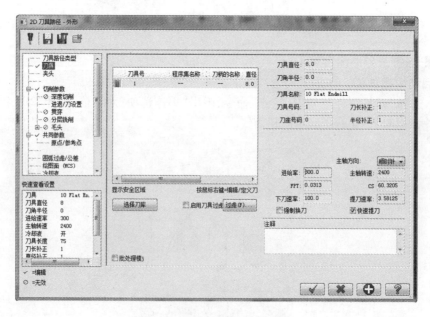

图 1-3-65 刀具设置对话框

3. 设置切削参数

在左侧的"参数类别列表"中选择"切削参数"选项,弹出"切削参数"对话框,设置相关参数,如图 1-3-66 所示。

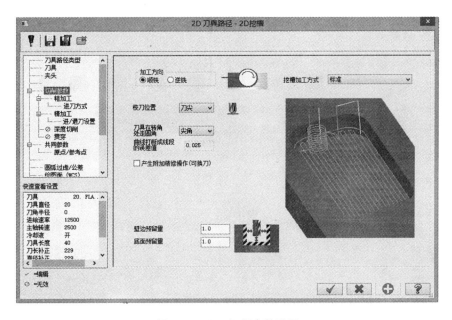

图 1-3-66 切削参数设置

4. 设置挖槽铣削高度参数

在左侧的"参数类别列表"中选中"共同参数"节点,设置高度参数,如图 1-3-67 所示。

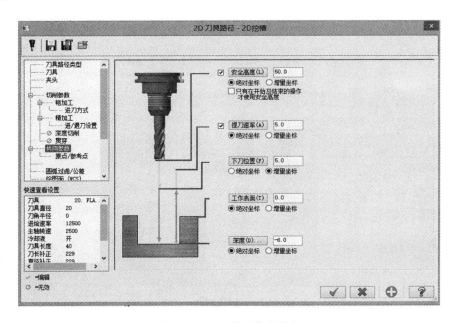

图 1-3-67 设置高度参数

5. 设置粗加工参数

在左侧的"参数类别列表"中选择"粗加工"选项,设置粗加工参数,如图 1 - 3 - 68 所示。

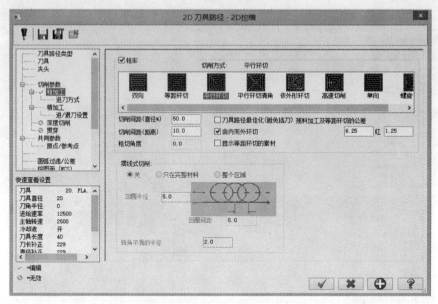

图 1 - 3 - 68　设置粗加工参数

6. 设置精加工参数

(1) 在左侧的"参数类别列表"中选择"精加工",设置精加工参数,如图 1 - 3 - 69 所示。

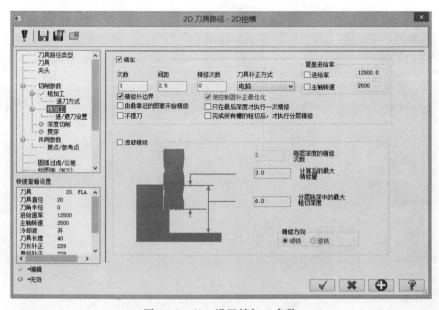

图 1 - 3 - 69　设置精加工参数

(2) 设置精加工进/退刀。在左侧的"参数类别列表"中选择"进/退刀参数"选项,设置精加工进/退刀参数,如图 1-3-70 所示。

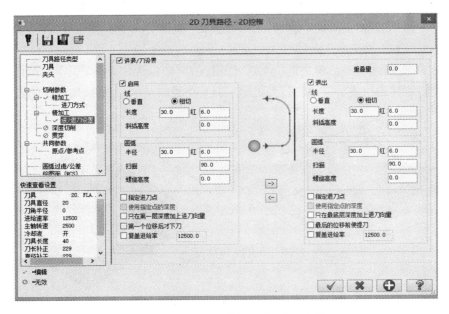

图 1-3-70　设置精加工进/退刀参数

（3）单击"确定"按钮,完成所有加工参数设置。

7. 设置深度分层切削

在左侧的"参数类别列表"中选择"深度切削"选项,弹出"深度切削"对话框,选中"依照轮廓"单选按钮,设定加工方式为依轮廓铣削;勾选"不提刀"复选框,以减少提刀,其他选项设定如图 1-3-71 所示。

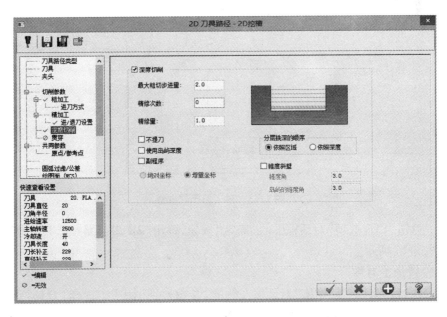

图 1-3-71　设置深度分层切削参数

8. 生成刀具路径并验证

（1）完成加工参数设置后，产生加工刀具路径，如图1-3-72所示。然后单击"操作管理器"中的"实体加工验证" 🔲 按钮，系统弹出"验证"对话框，单击 ▶ 按钮，模拟结果如图1-3-73所示。

（2）单击"验证"对话框中的"确定"按钮，结束模拟操作。然后单击"操作管理器"中的"关闭刀具路径显示" ≈ 按钮，关闭加工刀具路径的显示，为后续加工操作做好准备。

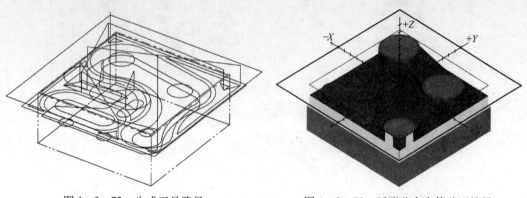

图1-3-72　生成刀具路径　　　　　　　图1-3-73　弧形凸台实体验证效果

步骤八、凸型轮廓加工

1. 启动挖槽加工

（1）选择"刀具路径"→"2D挖槽"命令，弹出"串连选项"对话框，选择"2D"和"串连选项"，选择如图1-3-74所示的轮廓线。

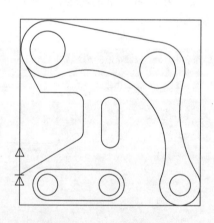

图1-3-74　选择轮廓线

（2）单击"串连选项"对话框中的"确定"按钮，弹出"2D刀具路径-2D挖槽"对话框如图1-3-67所示。

2. 设置加工刀具

在"2D刀具路径-2D挖槽"对话框左侧的"参数类别列表"中选择"刀具"选项，出现"刀具设置"对话框，仍选择刀具直径为12mm的平底刀，设置"进给速率""主轴转速""下刀速率"和"提刀速率"。

3. 设置切削参数

在左侧的"参数类别列表"中选择"切削参数"选项,弹出"切削参数"对话框,设置相关参数。

4. 设置挖槽铣削高度参数

在左侧的"参数类别列表"中选中"共同参数"节点,设置高度参数。

5. 设置粗加工参数

在左侧的"参数类别列表"中选择"粗加工"选项,设置粗加工参数。

6. 设置精加工参数

(1) 在左侧的"参数类别列表"中选择"精加工"选项,设置精加工参数。

(2) 设置精加工进/退刀。在左侧的"参数类别列表"中选择"进/退刀参数"选项,设置精加工进/退刀参数。

(3) 单击"确定"按钮,完成所有加工参数设置。

7. 设置深度分层切削

在左侧的"参数类别列表"中选择"深度切削"选项,弹出"深度切削"对话框,选中"依照轮廓"单选按钮,设定加工方式为依轮廓铣削;勾选"不提刀"复选框,以减少提刀。

8. 生成刀具路径并验证

(1) 完成加工参数设置后,产生加工刀具路径,如图 1-3-75 所示。然后单击"操作管理器"中的"实体加工验证" █ 按钮,系统弹出"验证"对话框,单击 ▶ 按钮,模拟结果如图 1-3-76 所示。

(2) 单击"验证"对话框中的"确定"按钮,结束模拟操作。然后单击"操作管理器"中的"关闭刀具路径显示" ≋ 按钮,关闭加工刀具路径的显示,为后续加工操作做好准备。

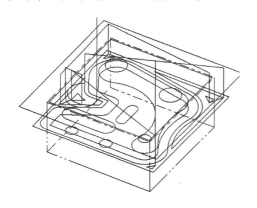

图 1-3-75　生成刀具路径

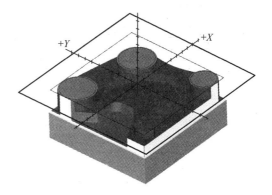

图 1-3-76　异型轮廓实体验证效果

步骤九、键高度加工

1. 启动等高外形加工

(1) 选择"刀具路径"→"等高外形"命令,弹出"串连选项"对话框,选择"2D"和"串连选项",选择如图 1-3-77 所示的轮廓线。

(2) 单击"串连选项"对话框中的"确定"按钮,弹出"2D 刀具路径-外形铣削"对话框。

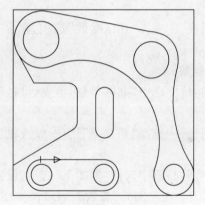

图 1-3-77 选择轮廓线

2. 设置加工刀具

在"2D 刀具路径-外形铣削"对话框左侧的"参数类别列表"中选择"刀具"项,出现"刀具设置"对话框,仍选择刀具直径为 12mm 的平底刀,设置"进给速率""主轴转速""下刀速率"和"提刀速率"。

3. 设置切削参数

在左侧的"参数类别列表"中选择"切削参数"选项,弹出"切削参数"对话框,设置相关参数。

4. 设置外形铣削高度参数

在左侧的"参数类别列表"中选中"共同参数",设置高度参数。

5. 进/退刀设置

在左侧的"参数类别列表"中选择"进/退刀参数"选项,弹出"进/退刀参数"对话框。设置"进刀"中的切入直线长度为"1",退刀长度为"1"。圆弧半径进刀为"0",退刀为"0"。其余参数设置与前例相同,这里不再赘述。

6. 生成刀具路径并验证

(1)完成加工参数设置后,产生加工刀具路径。然后单击"操作管理器"中的"实体加工验证" 🔳 按钮,系统弹出"验证"对话框,单击 ▶ 按钮,模拟结果如图 1-3-78 所示。

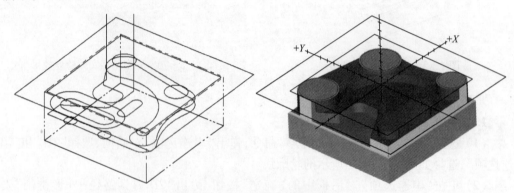

图 1-3-78 凸键实体验证效果

步骤十、孔型腔加工

1. 启动等高外形加工

（1）选择"刀具路径"→"外形铣削"命令，弹出"串连选项"对话框，选择"2D"和"串连选项"，选择如图 1-3-79 所示的轮廓线。

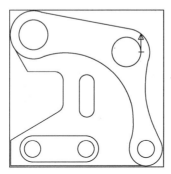

图 1-3-79　选择轮廓线

（2）单击"串连选项"对话框中的"确定"按钮，弹出"2D 刀具路径-外形铣削"对话框。

2. 设置加工刀具

在"2D 刀具路径-等高外形"对话框左侧的"参数类别列表"中选择"刀具"选项，出现"刀具设置"对话框，仍选择刀具直径为 12mm 的平底刀。

3. 设置切削参数

在左侧的"参数类别列表"中选择"切削参数"选项，弹出"切削参数"对话框，设置相关参数。

4. 设置外形铣削高度参数

在左侧的"参数类别列表"中选中"共同参数"节点，设置高度参数。

5. 设置深度切削

在左侧的"参数类别列表"中选择"深度切削"选项，弹出深度切削对话框，选中"依照轮廓"单选按钮，设定加工方式为依轮廓铣削；勾选"不提刀"复选框，以减少提刀，其他选项设定如图 1-3-80 所示。

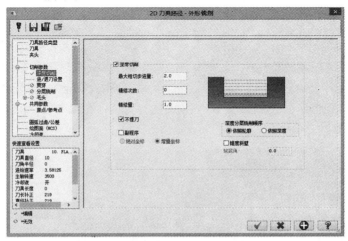

图 1-3-80　设置深度切削参数

6. 进/退刀设置

在左侧的"参数类别列表"中选择"进/退刀参数"选项,弹出进/退刀参数对话框。设置"进刀"中的切入直线长度为"0",退刀长度为"0"。圆弧半径进刀为"1",退刀为"1"。其余参数如图1-3-81所示。

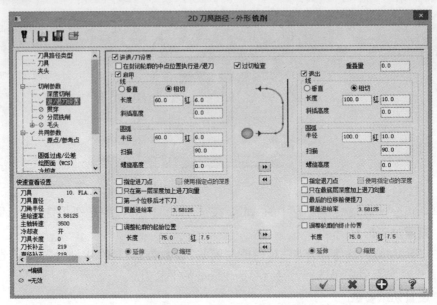

图1-3-81　设置进/退刀参数

7. 生成刀具路径并验证

(1) 完成加工参数设置后,产生加工刀具路径,如图1-3-82所示。然后单击"操作管理器"中的"实体加工验证" 🞅 按钮,系统弹出"验证"对话框,单击 ▶ 按钮,模拟结果如图1-3-83所示。

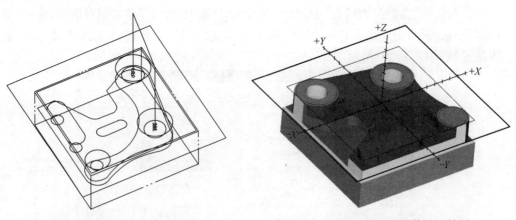

图1-3-82　生成刀具路径　　　　图1-3-83　圆型腔实体验证效果

步骤十一、键槽加工
1. 启动挖槽加工

(1) 选择"刀具路径"→"2D挖槽"命令,弹出"串连选项"对话框,选择"2D"和"串连

42

选项",选择如图 1－3－84 所示的轮廓线。

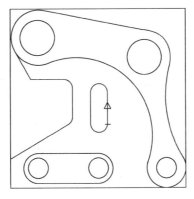

图 1－3－84　选择轮廓线

（2）单击"串连选项"对话框中的"确定"按钮,弹出"2D 刀具路径-2D 挖槽"对话框,如图 1－3－85 所示。

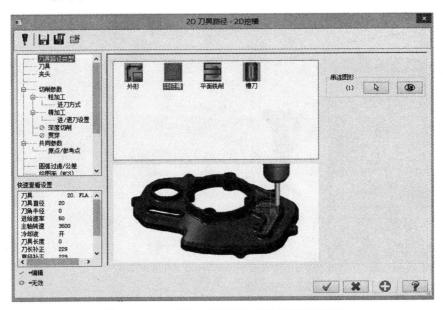

图 1－3－85　"2D 刀具路径-标准挖槽"对话框

2. 设置加工刀具

在"2D 刀具路径-2D 挖槽"对话框左侧的"参数类别列表"中选择"刀具"选项,出现"刀具设置"对话框,创建一把直径为 6mm 的平底铣刀。

3. 设置切削参数

在左侧的"参数类别列表"中选择"切削参数"选项,弹出"切削参数"对话框,设置相关参数,如图 1－3－86 所示。

4. 设置挖槽铣削高度参数

在左侧的"参数类别列表"中选中"共同参数"节点,设置高度参数,如图 1－3－87 所示。

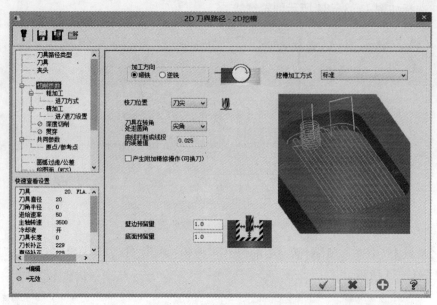

图 1-3-86 设置切削参数

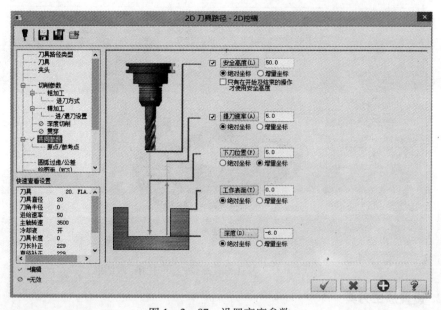

图 1-3-87 设置高度参数

5. 设置粗加工参数

在左侧的"参数类别列表"中选择"粗加工"选项,设置粗加工参数,如图 1-3-88 所示。

6. 设置精加工参数

(1) 在左侧的"参数类别列表"中选择"精加工"选项,设置精加工参数,如图 1-3-89 所示。

(2) 设置精加工进/退刀。在左侧的"参数类别列表"中选择"进/退刀设置"选项,设置精加工进/退刀参数,如图 1-3-90 所示。

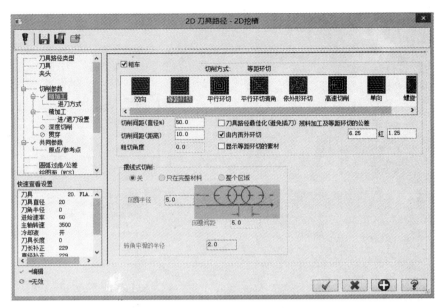

图 1-3-88　设置粗加工参数

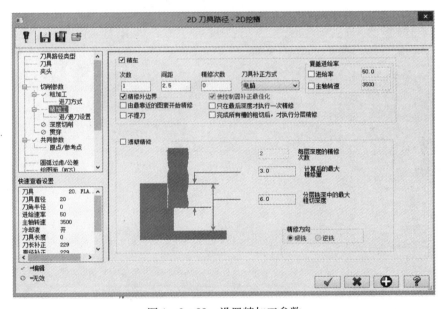

图 1-3-89　设置精加工参数

（3）单击"确定"按钮,完成所有加工参数设置。

7. 设置深度分层切削

在左侧的"参数类别列表"中选择"深度切削"选项,弹出"深度切削"对话框,选中"依照轮廓"单选按钮,设定加工方式为"依轮廓铣削";勾选"不提刀"复选框,以减少提刀,其他选项设定如图 1-3-91 所示。

8. 生成刀具路径并验证

（1）完成加工参数设置后,产生加工刀具路径,如图 1-3-92 所示。然后单击"操作

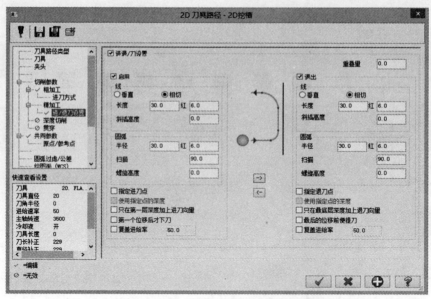

图1-3-90 精加工进/退刀参数设置

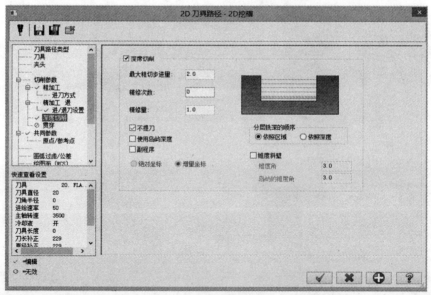

图1-3-91 设置深度分层切削参数

管理器"中的"实体加工验证" 🔷 按钮,系统弹出"验证"对话框,单击 ▶ 按钮,模拟结果如图1-3-93所示。

（2）单击"验证"对话框中"确定"的按钮,结束模拟操作。然后单击"操作管理器"中的"关闭刀具路径显示" ≈ 按钮,关闭加工刀具路径的显示,为后续加工操作做好准备。

步骤十二、钻孔

1. 启动钻孔加工

（1）选择"刀具路径"→"钻孔"命令,弹出"选取钻孔的点"对话框,如图1-3-94所示。选择如图1-3-95所示的点为钻孔位置。

46

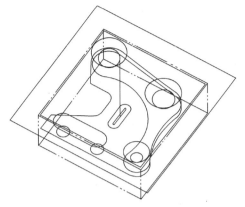

图 1－3－92　刀具路径生成

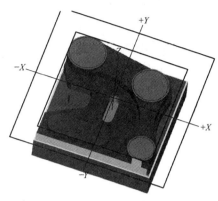

图 1－3－93　键槽实体验证效果

图 1－3－94　"选取钻孔的点"对话框

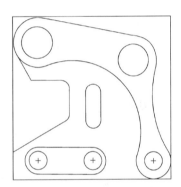

图 1－3－95　选择钻孔点

（2）单击"确定"按钮，弹出"2D 刀具路径-钻孔/全圆铣削"对话框，如图 1－3－96 所示。

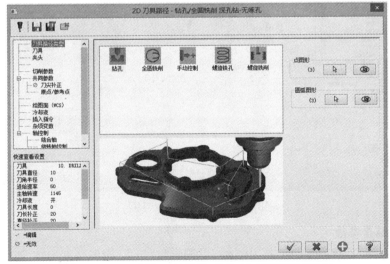

图 1－3－96　"2D 刀具路径-钻孔/全圆铣削"对话框

47

2. 设置加工刀具

创建一把直径为7.8mm的麻花钻,钻削参数设置如图1-3-97所示。

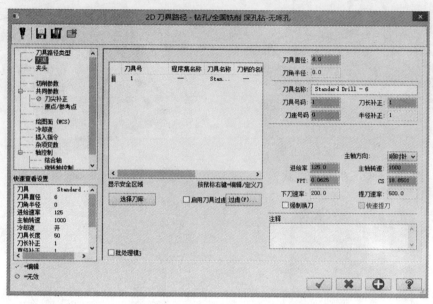

图1-3-97　设置刀具加工参数

3. 设置切削参数

在左侧的"参数类别列表"中选择"切削参数"选项,弹出"切削参数"对话框,设置相关参数,如图1-3-98所示。

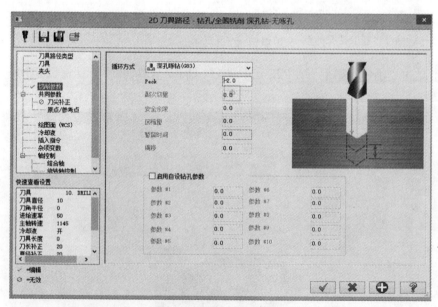

图1-3-98　切削参数设置

4. 设置高度参数

(1) 在左侧的"参数类别列表"中选中"共同参数"节点,设置高度参数,如图1-3-99

所示。

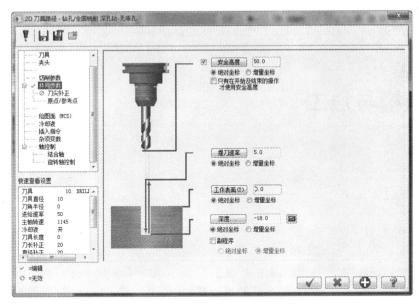

图 1-3-99　设置高度参数

（2）单击"确定"按钮，完成所有加工参数设置。

5. 生成刀具路径并验证

（1）完成加工参数设置后，产生加工刀具路径，如图 1-3-100 所示。然后单击"操作管理器"中的"实体加工验证" 🔲 按钮，系统弹出"验证"对话框，单击 ▶ 按钮，模拟结果如图 1-3-101 所示。

（2）单击"验证"对话框中的"确定"按钮，结束模拟操作。然后单击"操作管理器"中的"关闭刀具路径显示" ≈ 按钮，关闭加工刀具路径的显示，为后续加工操作做好准备。

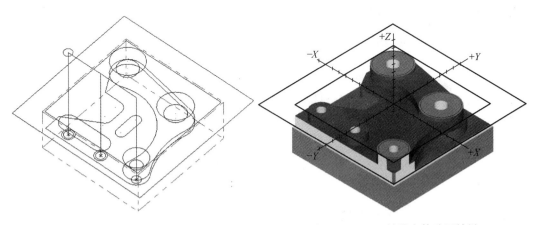

图 1-3-100　刀具路径生成　　　　　图 1-3-101　钻孔实体验证效果

第2章
曲面建模与加工

▲ 本章要点

Mastercam 包含丰富的曲面加工策略,且可以通过不同的建模方式创建规则及不规则曲面模型并能够对曲面进行编辑操作。本章主要介绍基于 2D、3D 曲线的曲面创建方法。其中包含了直纹面、扫掠面等常用曲面建立功能以及曲面编辑剪裁的一般过程。因此通过本章的学习应能够熟练掌握曲面建模的一般过程及常用曲面建立的功能,并能够根据加工需要对建立的曲面模型进行转换和编辑。另外还需要掌握常用的几种曲面加工策略。

▲ 零件图分析

2.1 曲面零件建模

图 2-1-1 所示为曲面零件模型,曲面模型由正面和反面两部分组成。

2.1.1 建模工艺分析

建模前首先要求明确创建模型的工艺路线,曲面零件的建模工艺路线如图 2-1-2 所示。

图 2-1-1 曲面零件模型

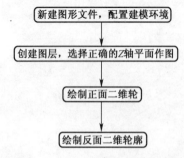

新建图形文件,配置建模环境

↓

创建图层,选择正确的Z轴平面作图

↓

绘制正面二维轮廓

↓

绘制反面二维轮廓

图 2-1-2 曲面零件的建模工艺路线

2.1.2 曲面轮廓建模

1. 新建一个图形文件

在工具栏中单击 新建按钮,或者从菜单栏中选择"文件"→"新建文件"命令,从而

50

新建一个 Mastercam X7 文件。

2. 相关属性状态设置

默认的绘图面为俯视图,在状态栏处的构图深度 Z 值为"0",图层为"1"。绘图尺寸如图 2 - 1 - 3 所示。

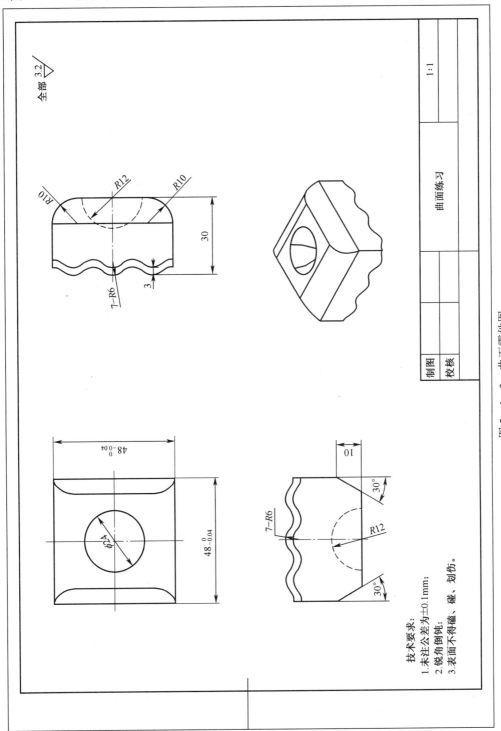

图 2 - 1 - 3 曲面零件图

3. F9 激活屏幕信息

4. 绘制曲面

（1）绘制矩形：单击绘图工具栏"矩形"，在绘图区域绘制 48mm×48mm 的矩形，选择基准点为中心点，按 Enter 键，单击"应用"按钮，结果如图 2-1-4 所示。

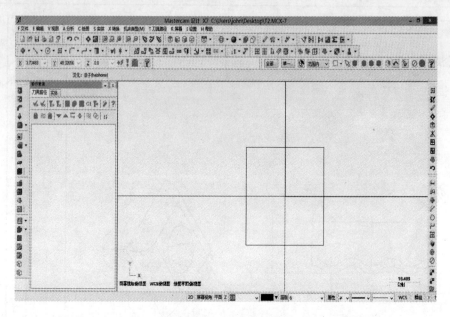

图 2-1-4　绘制矩形

（2）平移：选择已绘制好的矩形，单击"平移"按钮，在 Z 值里面输入"-10"，如图 2-1-5所示，按 Enter 键，单击"应用"按钮，最后单击"确定"按钮，如图 2-1-6 所示。

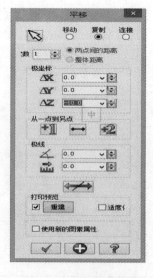

图 2-1-5　设置界面

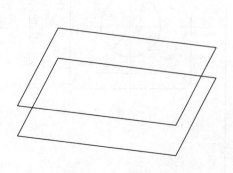

图 2-1-6　矩形绘制

52

（3）绘制30°线：选择前视图，绘制30°线，如图2-1-7所示。其他同理，如图2-1-8所示。

图2-1-7　角度线绘制

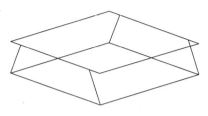

图2-1-8　线框完成

（4）绘制两斜面：单击 ▤（创建直纹/举升曲面）按钮，在"串联选项"中选择"单体"，分别选择两斜线，如图2-1-9所示，单击"确定"按钮，结果如图2-1-10所示。另一斜面同理可得。

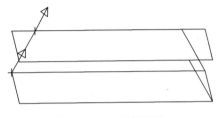

图2-1-9　斜线选取

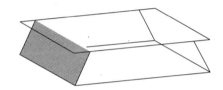

图2-1-10　斜面生成

（5）绘制半径为10的圆角：新建图层2，选择右视图，在3D状态下，将四个顶点连接，如图2-1-11所示。单击"倒圆角"，半径输入"10"，依次倒圆角，结果如图2-1-12所示。

图2-1-11　圆角绘制

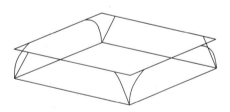

图2-1-12　圆角线框

（6）绘制两圆角斜面：单击"创建直纹/举升曲面"，在"串联选项"对话框中选取"单体"，如图2-1-13所示，单击"应用"按钮，最后单击"确定"按钮，结果如图2-1-14所示。

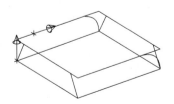

图2-1-13　选择圆角曲线

图2-1-14　生产圆角曲面

5. 绘制半圆曲面

选择前视图,在绘图工具栏单击"圆心+点",在"半径值"里输入"12",如图2-1-15所示。单击"修剪",将圆修剪成如图2-1-16所示。在绘图工具栏单击 🗋(创建旋转曲面)按钮,在"串联选项"对话框中选择"单体",结果如图2-1-17所示。

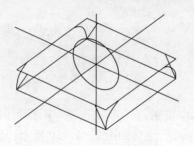 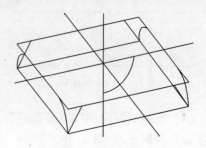

图2-1-15 绘制圆弧曲线   图2-1-16 修剪曲线

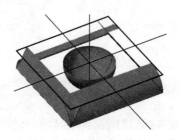

图2-1-17 生产半圆曲面

6. 绘制波浪面

(1)默认的绘图面为前视图,在状态栏处的构图深度Z值为"-30",单击工具栏中"绘制任意直线",单击"水平"按钮,如图2-1-18所示。以此条直线和坐标轴线相交的点为交点绘制直径为12mm的圆,然后单击"平移"按钮,选择绘制的圆,单击"确定"按钮,弹出"平移"对话框,在对话框中的X平移量分别输入"16"和"-16",单击"确定",结果如图2-1-18所示,将此时的直径为12mm的圆沿Y方向平移6mm,单击"圆心+点"右侧的小黑箭头,选择"切弧",单击"切二物体"按钮,半径值输入"6",依次绘制切弧,结果如图2-1-19所示。单击"修剪"命令,进行修剪,结果如图2-1-20所示。默认的绘图面为俯视图,将曲线旋转90°,再将曲线平移至一端,如图2-1-21所示。

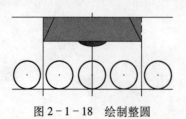

图2-1-18 绘制整圆   图2-1-19 绘制切圆

54

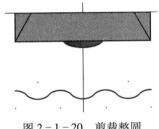

图 2-1-20 剪裁整圆

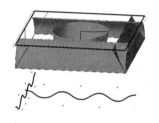

图 2-1-21 生产波浪线

（2）单击菜单栏中的"创建扫描曲面"，弹出"串联选项"对话框，单击"串联"按钮，先选择截面方向外形，单击"确定"按钮，然后选择引导方向外形，单击"确定"按钮，结果如图 2-1-22 所示。

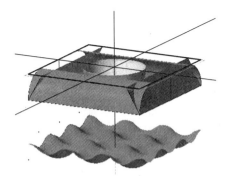

图 2-1-22 曲面绘制完成

2.2 曲面零件加工工艺分析

2.2.1 图纸分析

图 2-1-3 所示为简单曲面训练图，该零件主要表面为曲面形式。轮廓为 $48_{-0.04}^{0}$ mm× $48_{-0.04}^{0}$ mm 的方形，零件总高 30mm。零件一面中间有 R12mm 的半球面，两处高 10mm，角度为 30°的斜面，两处 R10mm 圆弧倒角面；另一面由 R6mm 圆弧构成的波浪形曲面。

2.2.2 加工过程

图纸分析完成后进行加工过程分析，加工过程中用到的工量夹具见表 2-2-1。

（1）毛坯选择：依据图纸，材料选择硬铝，尺寸规格 50mm×50mm×32mm。

（2）结构分析：在零件上存在外形和曲面等结构。R12mm 的半球面是旋转面，30°斜面和 R10mm 圆弧倒角面是直纹面，波浪形曲面是扫描面。各曲面均按单曲面加工即可。在加工时应重点考虑装夹、刀具选择、切削用量等问题。

（3）加工工艺分析：经过以上分析，考虑零件结构，加工时总体安排顺序是，先加工外形和波浪曲面，然后翻面二次定位装夹加工半球面、斜面和圆弧倒角面。

表 2-2-1 工量夹具表

序号	类别	名 称	规 格	数量	备注
1	材料	LY12	50mm×50mm×30mm	1	
2	刀具	高速钢立铣刀	ϕ12mm	各1支	
		高速钢球头铣刀	ϕ8-R4mm		
3	夹具	精密平口虎钳	0~300mm	1套	
4	量具	游标卡尺	1~150mm	1把	
		千分尺	0~25mm 、25~50mm、50~75mm	各1把	
		深度千分尺	0~25mm	1把	
		内测千分尺	5~30mm	1把	
5	工具	铣夹头		2个	
		钻夹头		1个	
		弹簧夹套	ϕ12mm、ϕ8mm	各1个	与刀具配套
		平行垫铁		1副	装夹高度6mm
		锉刀	6寸	1把	
		油石		1支	

2.3 曲面加工编程过程

2.3.1 曲面自动编程及加工——正面加工

步骤一、启动 Mastercam X7 打开文件

启动 Mastercam X7,选择"文件"→"打开"命令,弹出"打开"对话框,选择"曲面练习.mcx"文件。

步骤二、选择加工系统

选择"机床类型"→"铣床"→"默认"命令,此时系统进入铣削加工模块。

步骤三、素材设置

(1)双击"属性-Generic Mill"标识,展开"属性"后的"操作管理器"。

(2)选择"属性"选项下的"材料设置"命令,系统弹出"机器群组属性"对话框,选择"材料设置"选项卡,设置毛坯形状为矩形,选中"显示"选项区域中的"线框加工"单选按钮,在显示窗口中以线框形式显示毛坯。

(3)素材原点为(0,0,0),长为50mm,宽为50mm,高为45mm,单击"机器群组属性"对话框中的"确定"按钮,完成加工工件设置。

步骤四、平面铣削加工

1)启动面铣加工

(1)选择"刀具路径"→"面铣"命令,弹出"输入新 NC 名称"对话框,重命名为"曲面练习"。

（2）单击"确定"按钮,在弹出的"串连选项"对话框中选择 50mm×50mm 矩形的轮廓线。

（3）单击"确定"按钮,完成选择,弹出"2D 刀具路径-平面铣削"对话框。

2）设置加工刀具

（1）在"2D 刀具路径-平面铣削"对话框左侧的"参数类别列表"中选择"刀具"选项,出现刀具设置对话框。

（2）在对话框中右侧的空白处右击鼠标,选择"创新新刀具"按钮,弹出"定义刀具"对话框,在"类型"中选择"平底刀"。"平底刀"中输入刀具直径为 12mm,"参数"中输入数值。

（3）单击"确定"按钮后,返回"2D 刀具路径-平面铣削"对话框。

3）设置切削参数

在左侧的"参数类别列表"中选择"切削参数"选项,弹出"切削参数"对话框,走刀类型设为"单向",其他参数设置如图 2-3-1 所示。

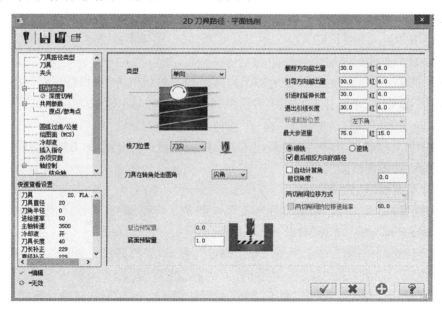

图 2-3-1　切削参数选项

4）设置平面加工高度参数

在左侧的"参数类别列表"中选中"共同参数"节点,设置高度参数。

5）生成刀具路径并验证

（1）完成加工参数设置后,产生加工刀具路径。然后单击"操作管理器"中的"实体加工验证" 🔷 按钮,系统将弹出"验证"对话框,单击 ▶ 按钮。

（2）单击"验证"对话框的"确定"按钮,结束模拟操作。然后单击"操作管理器"中的"关闭刀具路径显示" ≋ 按钮 ,关闭加工刀具路径的显示,为后续加工操作做好准备。

步骤五、外形轮廓加工

1）启动外形铣削加工

（1）选择"刀具路径"→"外形铣削"命令,弹出"串连选项"对话框,选择"2D"和"串连选项",48mm×48mm 的轮廓线。

（2）单击"串连选项"对话框中的"确定"按钮,弹出"2D 刀具路径-外形铣削"对话框。

2）设置加工刀具

在"2D 刀具路径-外形铣削"对话框左侧的"参数类别列表"中选择"刀具"选项,出现刀具设置对话框,仍选择刀具直径为 12mm 的平底刀,设置"进给速率""主轴转速""下刀速率"和"提刀速率"。

3）设置切削参数

在左侧的"参数类别列表"中选择"切削参数"选项,弹出切削参数对话框,设置相关参数。

4）设置外形铣削高度参数

在左侧的"参数类别列表"中选中"共同参数"节点,设置高度参数。

5）进/退刀设置

在左侧的"参数类别列表"中选择"进/退刀设置"选项,弹出进/退刀参数对话框。设置"进刀"中的切入直线长度为"5",退刀长度为"5"。圆弧半径进刀为"0",退刀为"0"。

6）生成刀具路径并验证

（1）完成加工参数设置后,产生加工刀具路径。然后单击"操作管理器"中的"实体加工验证" 🔲 按钮,系统弹出"验证"对话框,单击 ▶ 按钮显示模拟结果。

（2）单击"验证"对话框中的"确定"按钮,结束模拟操作。然后单击"操作管理器"中的"关闭刀具路径显示"按钮,关闭加工刀具路径的显示,为后续加工操作做好准备。

步骤六、两斜面粗加工

1）启动曲面粗加工

（1）选择"刀具路径"→"曲面粗加工"→"粗加工流线加工"命令,弹出"选择工件形状"对话框,选择"凸",单击"确定"。

（2）选择两个斜面为加工曲面,单击"确定",弹出"刀具路径的曲面选择"对话框,单击"曲面流线",弹出"流线设置"对话框,依次修改"切换"选项下的内容,最终效果如图 2-3-2 所示。单击"对勾","曲面参数"设置如图 2-3-3 所示。"曲面流线粗加工参数"设置如图 2-3-4 所示。

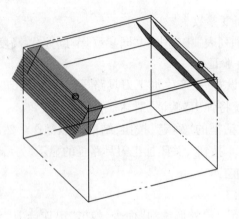

图 2-3-2　斜面选择

58

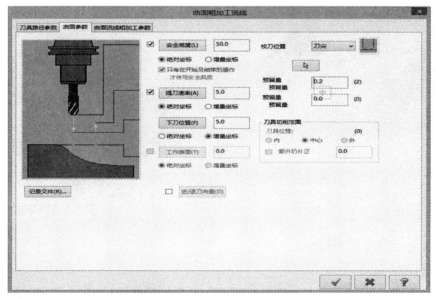

图 2-3-3 "曲面参数"设置

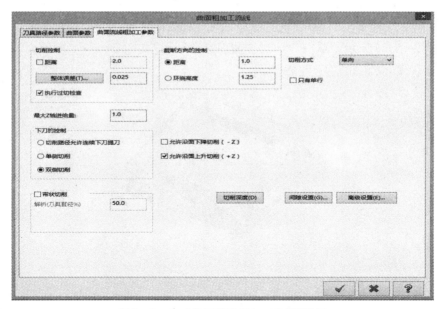

图 2-3-4 "曲面流线粗加工参数"设置

2) 生成刀具路径并验证

(1) 完成加工参数设置后,产生加工刀具路径,如图 2-3-5 所示。然后单击"操作管理器"中的"实体加工验证" 🔳 按钮,系统弹出"验证"对话框,单击 ▶ 按钮,模拟结果如图 2-3-6 所示。

(2) 单击"验证"对话框中的"确定"按钮,结束模拟操作。然后单击"操作管理器"中的"关闭刀具路径显示" ≋ 按钮,关闭加工刀具路径的显示,为后续加工操作做好准备。

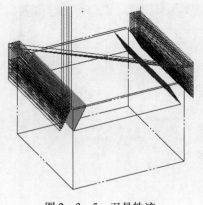

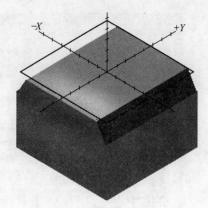

图2-3-5　刀具轨迹　　　　　　　　　　图2-3-6　倒角实体验证效果

步骤七、两圆角曲面粗加工

1）启动曲面粗加工

（1）选择"刀具路径"→"曲面粗加工"→"粗加工流线加工"命令，弹出"选择工件形状"对话框，选择"凸"，单击"确定"按钮。

（2）选择两个圆角曲面为加工曲面，单击"确定"按钮，弹出"刀具路径的曲面选择"对话框，单击"曲面流线"，弹出"流线设置"对话框，依次修改"切换"选项下的内容，最终效果如图2-3-7所示。单击"对勾"，"曲面参数"设置如图2-3-8所示。"曲面流线粗加工参数线"设置如图2-3-9所示。

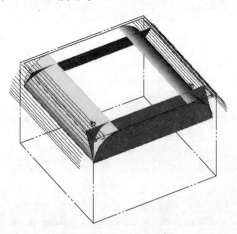

图2-3-7　流线设置

2）生成刀具路径并验证

（1）完成加工参数设置后，产生加工刀具路径，如图2-3-10所示。然后单击"操作管理器"中的"实体加工验证" ⬛ 按钮，系统弹出"验证"对话框，单击 ▶ 按钮，模拟结果，如图2-3-11所示。

（2）单击"验证"对话框中的"确定"按钮，结束模拟操作。然后单击"操作管理器"中的"关闭刀具路径显示"按钮，关闭加工刀具路径的显示，为后续加工操作做好准备。

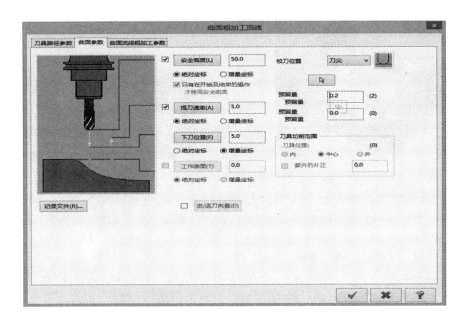

图 2-3-8 "曲面参数"设置

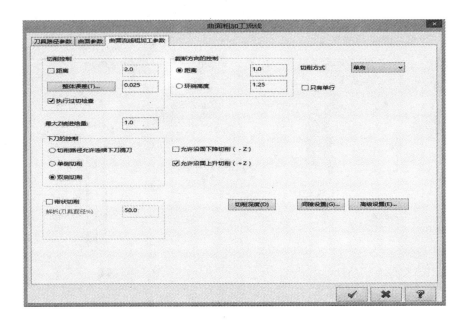

图 2-3-9 "曲面流线粗加工参数"设置

步骤八、两斜面精加工

1)启动曲面精加工

(1)选择"刀具路径"→"曲面精加工"→"精加工流线加工"命令,弹出"选择工件形状"对话框,选择"凸",单击"确定"按钮。

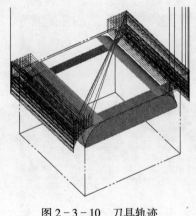

图2-3-10 刀具轨迹

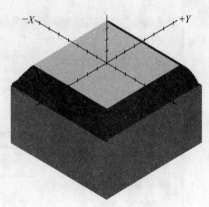

图2-3-11 圆倒角实体验证效果

（2）选择两个斜面为加工曲面,单击"确定"按钮,弹出"刀具路径的曲面选择"对话框,单击"曲面流线",弹出"流线设置"对话框,依次修改"切换"选项下的内容(同粗加工方法)。单击"对勾","刀具路径参数"设置,刀具类型选用"球头刀"如图2-3-12所示;"曲面参数"设置如图2-3-13所示;"曲面流线精加工参数"设置如图2-3-14所示。

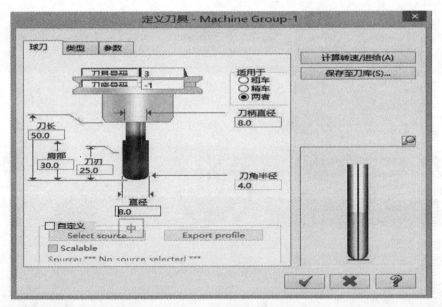

图2-3-12 "刀具路径参数"设置

2）生成刀具路径并验证

（1）完成加工参数设置后,产生加工刀具路径,如图2-3-15所示。然后单击"操作管理器"中的"实体加工验证" ⬦ 按钮,系统弹出"验证"对话框,单击 ▶ 按钮,模拟结果如图2-3-16所示。

（2）单击"验证"对话框中的"确定"按钮,结束模拟操作。然后单击"操作管理器"中的"关闭刀具路径显示"按钮,关闭加工刀具路径的显示,为后续加工操作做好准备。

62

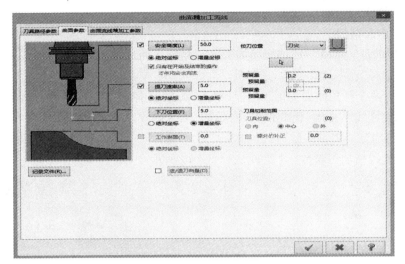

图 2 - 3 - 13 "曲面参数"设置参数

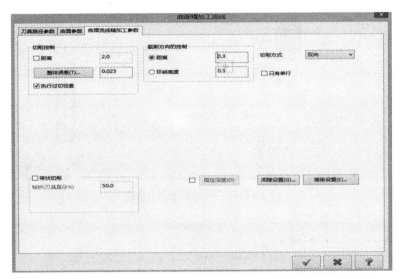

图 2 - 3 - 14 "曲面流线精加工参数"设置

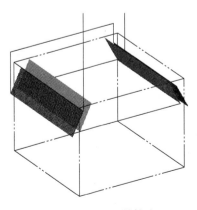

图 2 - 3 - 15 刀具轨迹

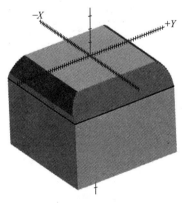

图 2 - 3 - 16 精加工实体验证效果

步骤九、两圆角曲面精加工

1）启动曲面精加工

（1）选择"刀具路径"→"曲面精加工"→"精加工流线加工"命令，弹出"选择工件形状"对话框，选择"凸"，单击"确定"按钮。

（2）选择两个圆角曲面为加工曲面，单击"确定"，弹出"刀具路径的曲面选择"对话框，单击"曲面流线"，弹出"流线设置"对话框，依次修改"切换"选项下的内容。单击"对勾"（如同粗加工），"刀具参数"设置如图2-3-17所示；"曲面参数"设置如图2-3-18所示；"曲面流线精加工参数"设置如图2-3-19所示。

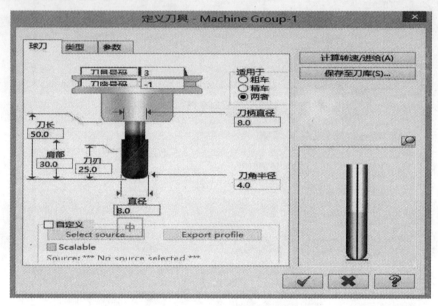

图2-3-17　"刀具参数"设置

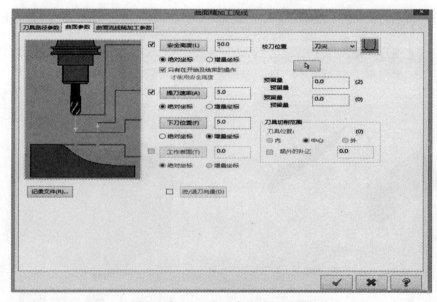

图2-3-18　"曲面参数"设置参数

64

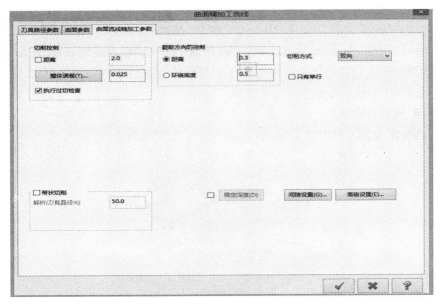

图 2 - 3 - 19 "曲面流线精加工参数"设置参数

2）生成刀具路径并验证

（1）完成加工参数设置后，产生加工刀具路径，如图 2 - 3 - 20 所示。然后单击"操作管理器"中的"实体加工验证" 🧊 按钮，系统弹出"验证"对话框，单击 ▶ 按钮，模拟结果如图 2 - 3 - 21 所示。

（2）单击"验证"对话框中的"确定"按钮，结束模拟操作。然后单击"操作管理器"中的"关闭刀具路径显示"按钮，关闭加工刀具路径的显示，为后续加工操作做好准备。

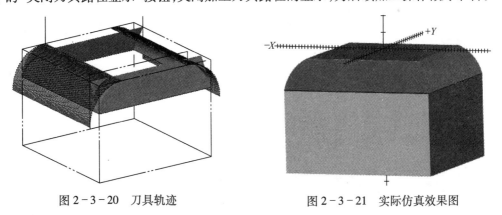

图 2 - 3 - 20 刀具轨迹   图 2 - 3 - 21 实际仿真效果图

2.3.2 曲面自动编程及加工——反面加工

步骤一、启动 Mastercam X7 打开文件

启动 Mastercam X7，选择"文件"→"打开"命令，弹出"打开"对话框，选择"曲面练习.mcx"文件。

步骤二、选择加工系统

选择"机床类型"→"铣床"→"默认"命令，此时系统进入铣削加工模块。

步骤三、素材设置

（1）双击"属性-Mill Defamt MM"标识，展开"属性"后的"操作管理器"。

（2）选择"属性"选项下的"材料设置"命令，系统弹出"机器群组属性"对话框，选择"材料设置"选项卡，设置毛坯形状为矩形，选中"显示"选项区域中的"线框加工"单选按钮，在显示窗口中以线框形式显示毛坯。

步骤四、波浪面粗加工

先将曲面模型旋转90°，并平移，结果如图2-3-22所示。

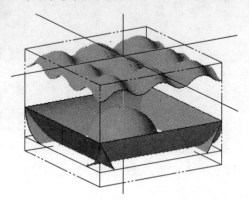

图2-3-22　旋转并平移功能操作

1. 启动曲面粗加工

（1）选择"刀具路径"→"曲面粗加工"→"曲面挖槽加工"命令单击"确定"按钮。

（2）选择波浪面为加工曲面，单击"确定"按钮，"刀具路径参数"设置——选用直径为8mm的平底刀；"曲面参数"设置如图2-3-23所示；"粗加工参数"设置如图2-3-24所示；"挖槽参数"设置如图2-3-25所示。

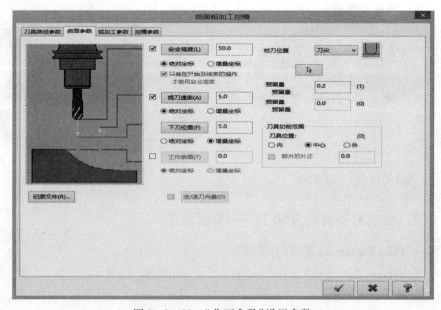

图2-3-23　"曲面参数"设置参数

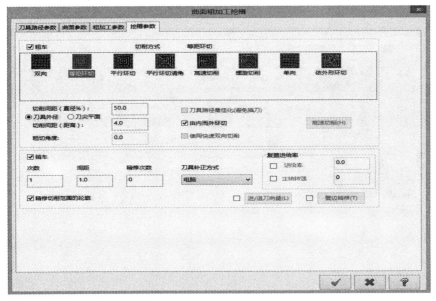

图 2 - 3 - 24　"粗加工参数"设置参数

图 2 - 3 - 25　"挖槽参数"设置

2. 生成刀具路径并验证

（1）完成加工参数设置后,产生加工刀具路径,如图 2 - 3 - 26 所示。然后单击"操作管理器"中的"实体加工验证" 按钮,系统弹出"验证"对话框,单击 ▶ 按钮,模拟结果如图 2 - 3 - 27 所示。

（2）单击"验证"对话框中的"确定"按钮,结束模拟操作。然后单击"操作管理器"中的"关闭刀具路径显示"按钮,关闭加工刀具路径的显示,为后续加工操作做好准备。

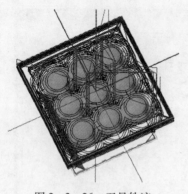

图 2-3-26　刀具轨迹

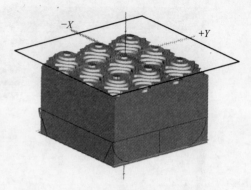

图 2-3-27　球面粗加工实际验证效果图

步骤五、波浪面精加工

1. 启动曲面精加工

（1）选择"刀具路径"→"曲面精加工"→"曲面流线加工"命令单击"确定"按钮。

（2）选择波浪面为加工曲面,单击"确定"按钮,弹出"流线设置"对话框,设置相应的参数,单击"对勾","刀具路径参数"设置——选用直径为 8mm 的球头刀;"曲面参数"设置数如图 2-3-28 所示;"曲面流线精加工参数"设置如图 2-3-29 所示。

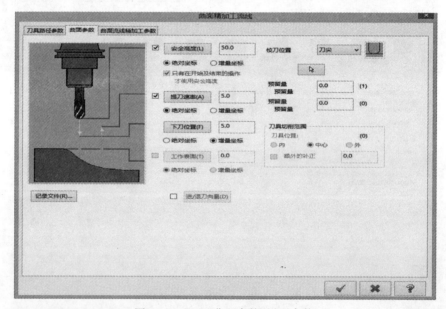

图 2-3-28　"曲面参数"设置参数

2. 生成刀具路径并验证

（1）完成加工参数设置后,产生加工刀具路径,如图 2-3-30 所示。然后单击"操作管理器"中的"实体加工验证" 🔳 按钮,系统弹出"验证"对话框,单击 ▶ 按钮,模拟结果如图 2-3-31 所示。

（2）单击"验证"对话框中的"确定"按钮,结束模拟操作。然后单击"操作管理器"中的"关闭刀具路径显示"按钮,关闭加工刀具路径的显示,为后续加工操作做好准备。

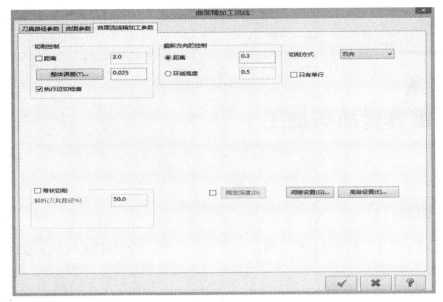

图 2－3－29　"曲面流线精加工参数"设置参数

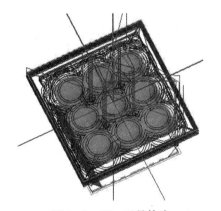

图 2－3－30　刀具轨迹

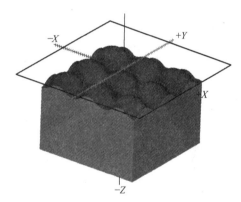

图 2－3－31　球面精加工实体验证效果

第3章
冲压模具建模与加工

冲压模具属于三维实体建模,其不同于二维线框建模。二维线框建模一般在平面内可以完成,突出层的概念且以曲线的形式体现;而三维实体建模需要在三维空间中进行,以实体的形式体现,因此实体建模与线框、曲面建模相比更加直观。并且实体建模是基于线框和曲面完成的,常用的实体建模方式有特征建模、曲面建模、参数建模几大类。本章主要介绍基于线框的特征建模及实体与曲面的转换建模方式,另外需要强调 MasterCAM 的加工策略大多以线框和曲面为处理对象,故实体模型在加工过程中需要拾取实体表面而不是整个实体。因此通过本章学习应能够掌握三维实体的建模方法以及相应的曲面加工策略。

3.1 冲压模具建模

图 3-1-1 所示为冲压模具,由凸模、凹模两部分组成,包括内轮廓、外轮廓、实体、曲面等图素。

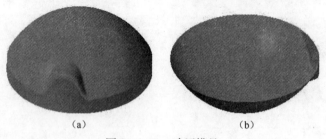

（a）   （b）

图 3-1-1　冲压模具

（a）凸模；（b）凹模。

3.1.1 建模工艺分析

建模前首先要求明确创建模型的工艺路线,冲压模具三维轮廓零件的建模工艺路线如图 3-1-2 所示。

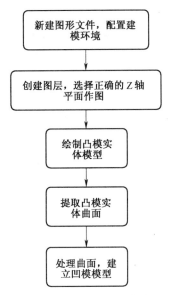

图 3-1-2 三维实体零件的建模工艺路线

3.1.2 半圆底座建模

（1）新建一个图形文件,在工具栏中单击新建 按钮,或者从菜单栏中选择"文件"→"新建文件"命令,从而新建一个 Mastercam X7 文件。

（2）相关属性状态设置。默认的绘图面为俯视图,构图深度 Z 值为 0mm,图层为 1mm。

（3）按 F9 建立坐标轴（图 3-1-3）。

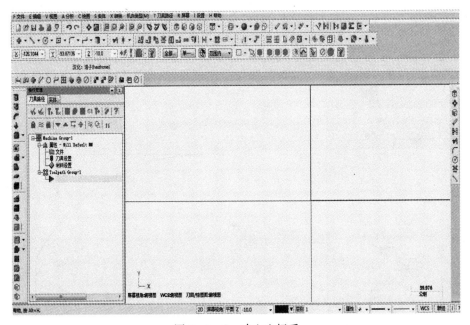

图 3-1-3 建立坐标系

① 绘制直线。先确定深度,在 2D 屏幕视角 平面 Z -10.0 ▼ 中(要注意是在 2D 模式下),Z 值输入"-26",按 Enter 键,在绘图工具栏单击绘图工具栏绘制任意线 ↘·,单击水平键 ▭,在绘图区域的适当位置绘制一条直线,键入距离值"48",按 Enter 键,单击"应用"按钮,其余的线同理,最后单击"确定"按钮,结果如图 3-1-4 所示。

② 绘制切弧。在绘图工具栏单击 ⊙·(圆心+点)按钮,选择两点画弧 ⌒,单击切弧,按照操作要求,输入第一点和第二点,选择与零平面相切,按 Enter 键,单击"应用"按钮,接着画圆,最后单击"确定"按钮,绘制的圆弧如图 3-1-5 所示。

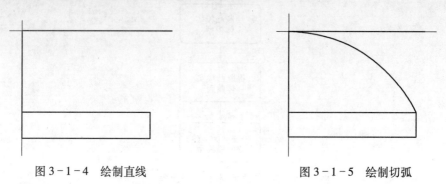

图 3-1-4 绘制直线   图 3-1-5 绘制切弧

③ 建立实体。挤出实体,在工具栏上单击 ▧(实体旋转)按钮,弹出串联对话框,单击串连 ⊂◯◯◯⊃ 按钮,选取挤出的串连图素,单击"确定"按钮,弹出"旋转实体的设置"对话框,单击创建主体,起始角度0°,终止角度360°,挤出方向如图 3-1-6(d)所示,如相反,把更改方向勾选上,单击"确定"按钮,如图 3-1-6 所示。

3.1.3 凸鼻体建模

(1)新建一个图形文件、相关属性状态设置、按 F9 建立坐标轴与底座圆台设置相同,这里就不详细说明了。

(2)绘制曲线。

① 新建图层 2,将图层 1 隐藏。

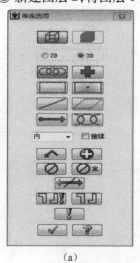

(a)

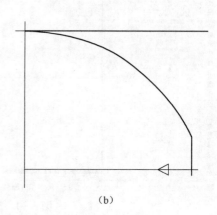

(b)

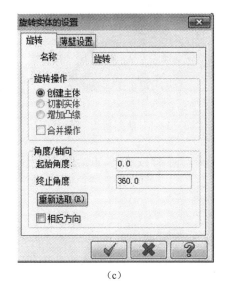

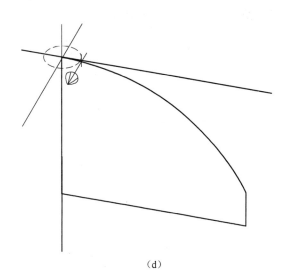

（c） （d）

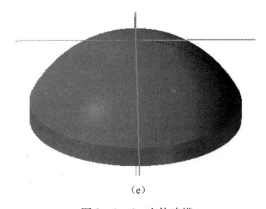

（e）

图 3-1-6　实体建模

（a）串连对话框；（b）选取旋转实体的串连图素；（c）旋转实体设置对话框；
（d）旋转方向；（e）旋转方向。

② 绘制 R20 的圆。单击前视图 ，先确定深度，在 `2D 屏幕视角 平面 Z -10.0 ▼` 中（要注意是在 2D 模式下），在 Z 值输入"0"，按 Enter 键，在绘图工具栏单击（圆心+点）按钮，确定圆心坐标，在 `X 61.62903 ▼ Y 61.76453 ▼ Z 0.0 ▼` 中，X、Y 值分别输入"0"、"-21"，Z 值不变，按 Enter 键，在"编辑圆心点"操作栏单击（半径）按钮，在其文本框 `◉ 0.0 ▼ ◉` 中，输入"23"，按 Enter 键，单击"确定"按钮，绘制的圆如图 3-1-7 所示。

③ 绘制切线。单击绘图工具栏绘制任意线，单击创建切线通过点相切 ，按照绘图要求，在绘图区域的适当位置绘制一条切线，按 Enter 键，单击"应用"按钮，接着运用镜像功能，绘制切线，单击"确定"按钮，如图 3-1-8 所示。

先确定深度，在 `2D 屏幕视角 平面 Z -10.0 ▼` 中（要注意是在 2D 模式下），在 Z 值输入"0"，按 Enter 键，在绘图工具栏，单击任意线 ，单击水平键 ，在绘图区域的适当位置绘制一条直线，键入距离值"-24"，按 Enter 键，单击"应用"按钮，其余的线同理，最后单击"确定"按钮，结果如图 3-1-9 所示。

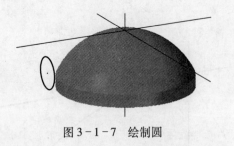

图3-1-7 绘制圆

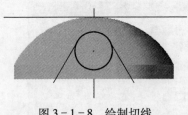

图3-1-8 绘制切线

④ 修剪。单击 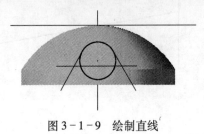（修剪/打断/延伸）按钮，单击 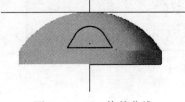（分/删除）按钮，单击绘图区域不要的部分，单击"确定"按钮，如图3-1-10所示。

图3-1-9 绘制直线

图3-1-10 修剪曲线

⑤ 建立实体。挤出实体，在工具栏上单击 （实体挤出）按钮，弹出串联对话框，单击串连 按钮，选取挤出的串连图素，单击"确定"按钮，弹出"挤出串联"的设置对话框，单击"增加凸缘""延伸到指定点"，挤出方向如图3-11(b)所示，如相反，把"更改方向"勾选上，单击"确定"按钮，如图3-1-11所示。

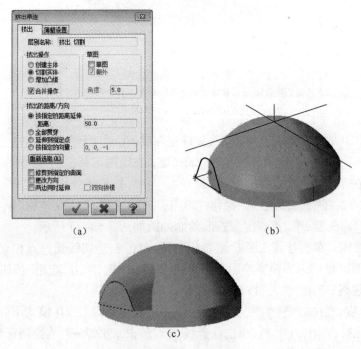

图3-1-11 建立实体
(a)挤出串联选项对话框;(b)挤出方向;(c)挤出完成。

⑥ 修剪实体。

a. 单击工具栏"绘图→V 曲面曲线→单一曲线",选择"底端曲线",向上偏移"4",单击"确定"按钮。先确定深度,要注意是在 2D 模式下,在 Z 值输入"−31",按 Enter 键,在绘图工具栏,单击绘图工具栏绘制任意线,单击水平键 ▭▭ ,在绘图区域的适当位置绘制一条直线,按 Enter 键,单击"应用",其余的线同样方法,最后单击"确定"按钮,结果如图 3−1−12 所示。尺寸不做要求,主要包含凸鼻子。

图 3−1−12　修剪实体

b. 挤出实体,在工具栏上单击 ⬆ (实体挤出)按钮,弹出"挤出串联"对话框,单击串连 ◁◯◯◯▷ 按钮,选取挤出的串连图素,单击"确定"按钮,弹出"挤出串联"的设置对话框,单击"切割实体""按指定的距离延伸",挤出方向如图 3 − 1 − 13(b)所示,如相反把"更改方向"勾选上,单击"确定"按钮,如图 3 − 1 − 13(c)所示。

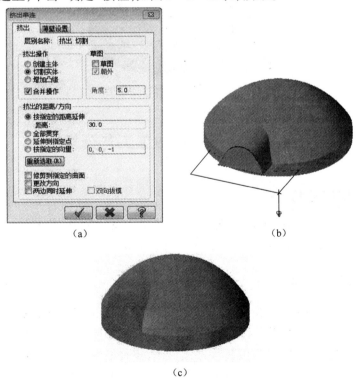

（a）　　　　　　　　　　　　　　　　　　（b）

（c）

图 3 − 1 − 13　去除多余实体
（a）"挤出串联选项"对话框；（b）挤出方向；（c）挤出完成。

⑦ 实体倒圆角。单击 （实体倒圆角）按钮，在如图3-1-14所示工具栏处，选择需要倒圆角的四个图素，单击◯图标，单击"确定"按钮，如图3-1-15所示，弹出"倒圆角参数"对话框，输入半径值"3"，单击"确定"按钮，如图3-1-16所示。

图3-1-14　倒圆角命令

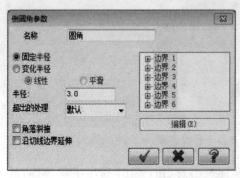

图3-1-15　倒圆角

图3-1-16　实体验证效果

3.2　冲压模具加工工艺分析

3.2.1　图纸分析

图3-2-1所示为凸模零件图，零件外形简单，包含半圆凸台和外凸的鼻状凸台，零件总高35mm，最大外形尺寸 ϕ96mm，未注公差尺寸为IT12级。

3.2.2　加工过程

图纸分析完成后进行加工过程分析，加工过程中用到的工量夹具见表3-2-1。

（1）毛坯选择：依据图纸，材料选择硬铝，毛坯尺寸 ϕ100mm×60mm。

（2）加工工艺分析：如冲压模具零件图所示，零件需要有装夹的部位来完成加工内容，首先将圆柱毛坯水平放置，加工出上下两个平面，便于装夹，然后加工冲压模具的凸凹件。

76

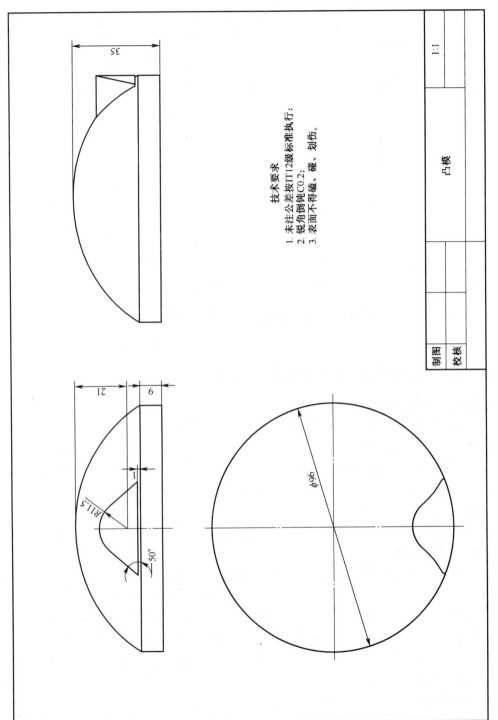

技术要求
1. 未注公差按IT12级标准执行；
2. 锐角倒钝C0.2；
3. 表面不得碰、破、划伤。

					1:1
制图				凸模	
校核					

图 3 – 2 – 1 凸模零件图

表 3-2-1　工量夹具清单

序号	类别	名称	规　格	数量	备注
1	材料	铝合金	φ100mm×60mm	2	
2	刀具	高速钢立铣刀	φ12mm、8mm、φ6mm	各1支	
		圆鼻刀	φ16mm		
		球头刀	φ10mm、φ4mm		
3	夹具	精密平口虎钳	0mm~300mm	1套	
4	量具	游标卡尺	1mm~150mm	1把	
		千分尺	0mm~25mm、25mm~50mm、50mm~75mm	各1把	
5	工具	铣夹头		2个	
		钻夹头		1个	
		弹簧夹套	φ12mm、8mm、φ6mm	各1个	与刀具配套
		平行垫铁		1副	装夹高度6mm
		锉刀	6寸	1把	
		油石		1支	

3.3　冲压模具加工编程过程

3.3.1　冲压模具自动编程及加工——凸模加工

步骤一、启动 Mastercam X7 打开文件

（1）启动 Mastercam X7，选择"文件"→"打开"命令，弹出"打开"对话框，选择"冲压模具凸件自动编程及加工训练．mcx"文件。

（2）单击"打开"对话框中的按钮，将该文件打开。单击工具栏上的"等视图" ⊗ 按钮，此时图形区显示如图 3-3-1 所示的界面。

步骤二、选择加工系统

选择"机床类型"→"铣床"→"默认"命令，此时系统进入铣削加工模块。

步骤三、素材设置

双击"属性-Mill Default MM"标识，展开"属性"后的"操作管理器"，选择"属性"选项下的"材料设置"命令，系统弹出"机器群组属性"对话框，选择"材料设置"选项卡，设置"毛坯形状"为圆柱体，选中"显示"选项区域中的"线架加工"单选按钮，在显示窗口中以线框形式显示毛坯，素材原点为(0,0,-60)，长为61mm，直径为100mm，绕 Z 轴，单击"机器群组属性"对话框中的 ☑ 按钮，完成加工工件设置，如图 3-3-2 所示。

步骤四、平面铣削加工

1. 启动面铣加工

（1）选择"刀具路径"→"平面铣"命令，弹出"输入新 NC 名称"对话框，重命名为"零件一"。

（2）单击"确定"按钮，在弹出的"串连选项"对话框中选择"轮廓线"。

图 3-3-1　等视图

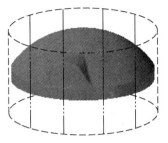

图 3-3-2　加工工件设置

（3）单击"确定"按钮，完成选择，弹出"2D 刀具路径-平面铣削"对话框。在对话框左侧的"参数类别列表"中选择"刀具"选项，出现"刀具设置"对话框，在对话框中右侧的空白处右击鼠标，选择"创建新刀具"按钮，弹出"定义刀具"对话框，在"类型"中选择"平底刀"输入刀具直径为 12mm，参数与第 1 章同直径刀具参数相同。

（4）单击"确定"按钮确定后，返回"2D 刀具路径-平面铣削"对话框。

2. 设置切削参数

打开"切削参数"选项，与前面例子中的"铣平面参数设置"一致即可。

3. 生成刀具路径并验证

（1）完成加工参数设置后，产生加工刀具路径，然后单击"操作管理器"中的"实体加工验证" 按钮，系统将弹出"验证"对话框，单击 ▶ 按钮，模拟结果如图 3-3-3 所示。

（2）单击"验证"对话框的"确定"按钮，结束模拟操作。然后单击"操作管理器"中的"关闭刀具路径显示" ≈ 按钮，关闭加工刀具路径的显示，为后续加工操作做好准备。

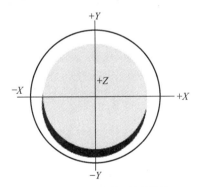

图 3-3-3　实体验证效果

步骤五、曲面挖槽加工

1. 启动挖槽加工

选择"刀具路径"→"R 曲面粗加工"→"K 粗加工挖槽"命令，弹出"输入新 NC 名称"对话框，重命名为"冲压凸模"，如图 3-3-4 所示。

单击"确定"按钮，进入"选择加工曲面"，如图 3-3-5 所示。

在工具栏处单击 图标，如图 3-3-6 所示。弹出如图 3-3-7 所示工具条，可以分别选取实体表面或者实体主体。单击 图标，然后选取需要加工的曲面。曲面选取完成后单击 图标，确定选取。

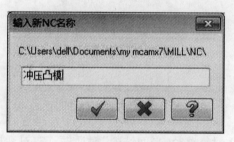

图 3-3-4 "输入新 NC 名称"对话框

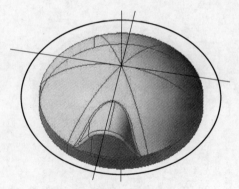

图 3-3-5 选择加工曲面

图 3-3-6 图素选取图标

图 3-3-7 选取图标

弹出"刀具路径的曲面选取"对话框,如图 3-3-8 所示。边界选取如图 3-3-9 所示。

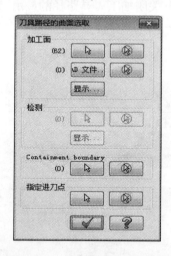

图 3-3-8 刀具路径的曲面选取

单击"确定"按钮,弹出"曲面粗加工挖槽"对话框,"刀具路径参数"选项中刀具仍选择直径 12mm 的平底刀,建立刀具前面案例已经说明,这里就不再赘述。

选择"曲面参数"设置,"预留量"设为"0.5",其他参数设置如图 3-3-10 所示。

选择"粗加工参数"设置,"Z 轴最大进给量"为"0.5",其他参数设置如图 3-3-11 所示。"切削深度"最高位置设为"0",最低位置设为"-35"。如图 3-3-12 所示。

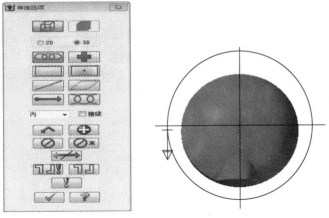

图 3-3-9　选取边界轮廓

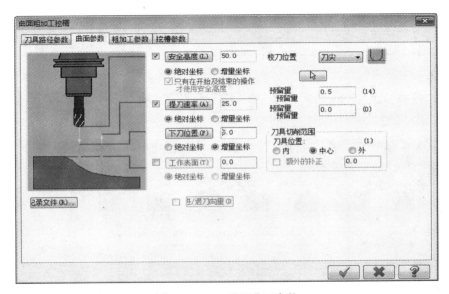

图 3-3-10　设置曲面参数

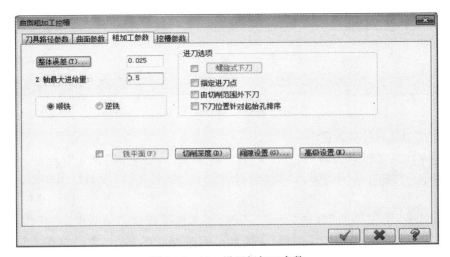

图 3-3-11　设置粗加工参数

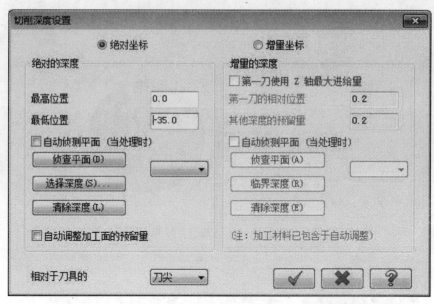

图 3-3-12　设置切削深度

选择"挖槽参数"设置,切削方式选择"平行环切","切削间距"改为"8",其他参数设置如图 3-3-13 所示。

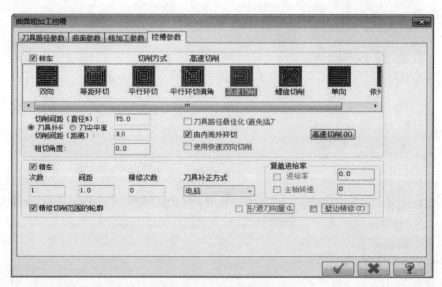

图 3-3-13　设置挖槽参数

2. 生成刀具路径并验证

(1) 完成加工参数设置后,产生加工刀具路径,然后单击"操作管理器"中的"实体加工验证"按钮,系统将弹出"验证"对话框,单击 ▶ 按钮,模拟结果如图 3-3-14 所示。

(2) 单击"验证"对话框的"确定"按钮,结束模拟操作。然后单击"操作管理器"中的"关闭刀具路径显示" ≋ 按钮,关闭加工刀具路径的显示,为后续加工操作做好准备。

82

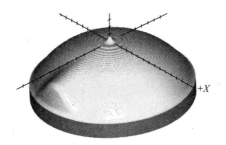

图 3 - 3 - 14　实体验证效果

步骤六、环绕等距半精、精加工

1. 启动环绕等距加工

（1）选择"刀具路径"→"F 曲面精加工"→"环绕等距"命令,单击"确定"按钮进入选择"加工曲面",与 2D 挖槽选取曲面相同,在工具栏处单击绿色图标,"确定"。

（2）弹出"刀具路径的曲面选取"对话框,选取边界范围如图 3 - 3 - 15 所示。

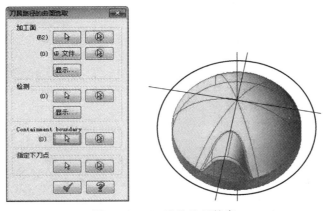

图 3 - 3 - 15　选取边界轮廓

单击"确定"按钮,弹出"曲面精加工环绕等距"对话框,创建一把直径为 16mm 的圆鼻刀,如图 3 - 3 - 16 所示。

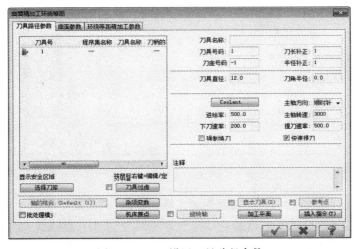

图 3 - 3 - 16　设置刀具路径参数

在对话框中右侧的空白处右击鼠标,选择"创建新刀具"按钮,弹出"定义刀具"对话框,在"类型"中选择"圆鼻刀",如图3-3-17所示。"圆鼻刀"中输入刀具直径为16mm,如图3-3-18所示,"参数"中输入数值,如图3-3-19所示。

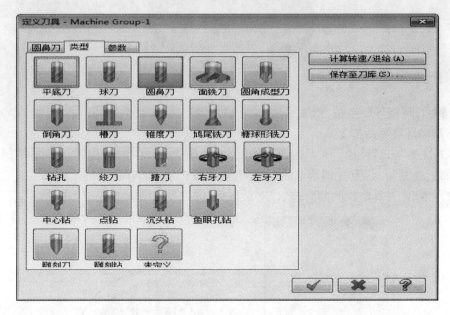

图3-3-17 设置刀具类型

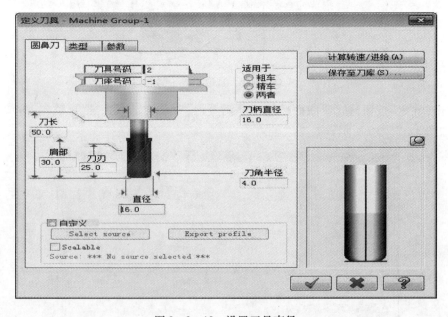

图3-3-18 设置刀具直径

2. 单击"确定"按钮后,返回"曲面精加工环绕等距"对话框

选择"曲面参数"设置,(半精加工时将预留量设为"0.1",当精加工时将预留量设为"0")其他参数设置如图3-3-20所示。

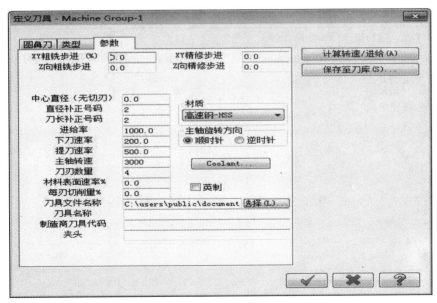

图 3 - 3 - 19　设置刀具参数

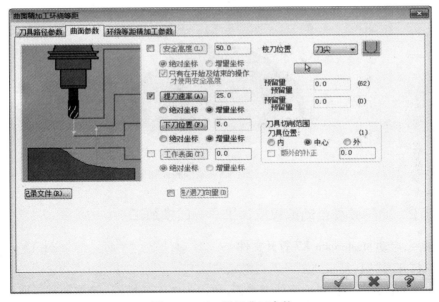

图 3 - 3 - 20　设置曲面参数

选择"环绕等距精加工参数"设置,(半精加工时最大切削间距设为"0.3",精加工时,最大切削间距设为"0.2")其他参数设置如图 3 - 3 - 21 所示。

3. 生成刀具路径并验证

(1) 完成加工参数设置后,产生加工刀具路径,然后单击"操作管理器"中的"实体加工验证"按钮,系统将弹出"验证"对话框,单击 ▶ 按钮,模拟结果如图 3 - 2 - 22 所示。

(2) 单击"验证"对话框的"确定"按钮,结束模拟操作。然后单击"操作管理器"中的"关闭刀具路径显示" ≋ 按钮,关闭加工刀具路径的显示,为后续加工操作做好准备,冲压模具凸模加工结束。

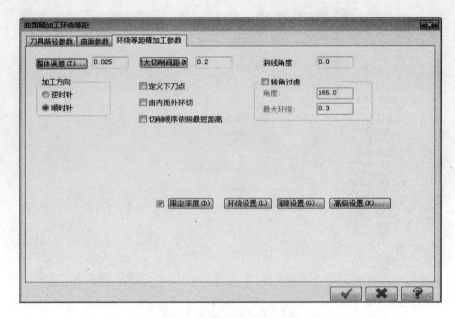

图 3-3-21　设置环绕等距精加工参数

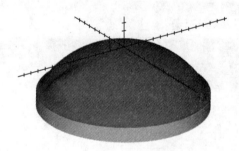

图 3-3-22　凸模实体验证效果

3.3.2　冲压模具自动编程及加工——凹模加工

步骤一、启动 Mastercam X7 打开文件

(1) 打开图层 1,复制到图层 2,再隐藏图层 1。

(2) 将冲压模具凸件提取实体至曲面,单击绘图工具栏⊞,选取所需提取的实体或曲面,按照要求绘制得到所需冲压模具凹模曲面,单击工具栏上的"等视图"按钮,此时绘图区显示如图 3-3-23 所示视图。

图 3-3-23　凹模视图

步骤二、选择加工系统

选择"机床类型"→"铣床"→"默认"命令,此时系统进入铣削加工模块。

步骤三、曲面挖槽加工

1. 启动曲面挖槽加工

(1)选择"刀具路径"→"R 曲面粗加工"→"K 粗加工挖槽"命令,进入选取加工曲面界面,如图3-3-24所示。

(2)在工具栏处单击绿色图标,"确定"。

(3)弹出"刀具路径的曲面选取"对话框,如图3-3-25所示。选取边界轮廓如图3-3-26所示。

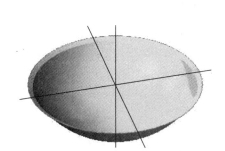

图 3-3-24　选取加工曲面

图 3-3-25　刀具路径的曲面选取

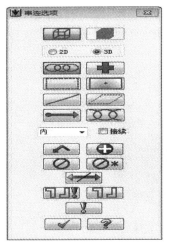

图 3-3-26　选取边界轮廓

(4)单击"确定"按钮,弹出"曲面粗加工挖槽"对话框,"刀具路径参数"选项中刀具仍选择16mm 的圆鼻刀,建立刀具前面案例已经说明,这里不再赘述。

(5)选择"曲面参数"设置,"预留量"设为"0.5",其他参数设置与凸模一致。

87

（6）选择"粗加工参数"设置，"Z轴最大进给量"为"0.5"，"切削深度"不选择，其他参数设置与凸模一致。

（7）选择"挖槽参数"设置，切削方式选择"等距环切"，"切削间距"改为"8"，其他参数设置如图3-3-27所示。

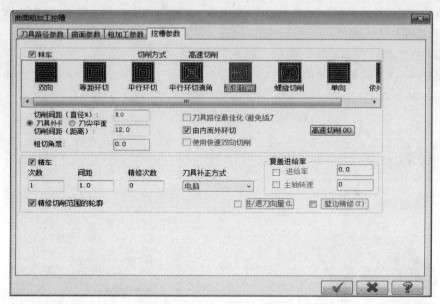

图3-3-27 设置"挖槽参数"

2. 生成刀具路径并验证

（1）完成加工参数设置后，产生加工刀具路径，然后单击"操作管理器"中的"实体加工验证"按钮，系统将弹出"验证"对话框，单击 ▶ 按钮，模拟结果如图3-3-28所示。

（2）单击"验证"对话框的"确定"按钮，结束模拟操作。然后单击"操作管理器"中的"关闭刀具路径显示" ≈ 按钮，关闭加工刀具路径的显示，为后续加工操作做好准备。

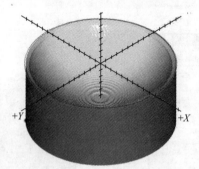

图3-3-28 凹模粗加工实体验证效果

步骤四、环绕等距半精、精加工

1. 启动环绕等距加工

（1）选择"刀具路径"→"F曲面精加工"→"环绕等距"命令，单击"确定"按钮进入选择"加工曲面"与曲面挖槽选取曲面相同，在工具栏处单击绿色图标，"确定"。

（2）弹出"刀具路径的曲面选取"对话框，选取边界轮廓如图3-3-29所示。

图 3 - 3 - 29　选取边界轮廓

单击"确定"按钮,弹出"曲面精加工环绕等距"对话框,创建一把直径为 4mm 的球刀,如图 3 - 3 - 30 所示。

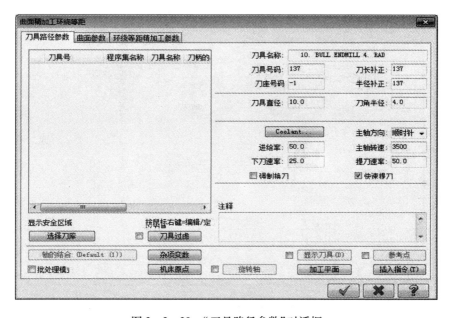

图 3 - 3 - 30　"刀具路径参数"对话框

① 在对话框中右侧的空白处右击鼠标,选择"创新新刀具"按钮,弹出"定义刀具"对话框,在"类型"中选择"球刀",如图 3 - 3 - 31 所示。"球刀"中输入刀具直径为 4mm,如图 3 - 3 - 32 所示。"参数"中输入数值,如图 3 - 3 - 33 所示。

② 单击"确定"按钮后,返回"曲面精加工环绕等距"对话框。

（3）选择"曲面参数""环绕等距精加工参数"进行设置(半精加工时将预留量设为"0.1",最大切削间距设为"0.3"。当精加工时将预留量设为"0",最大切削间距设为"0.2")其他参数设置与凸模加工等距环绕参数设置相同。

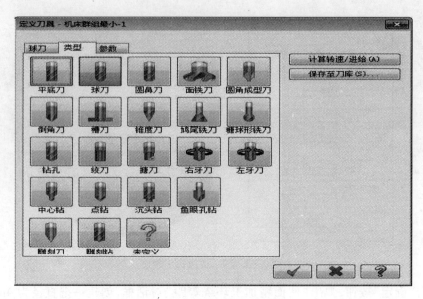

图 3 – 3 – 31　设置刀具类型

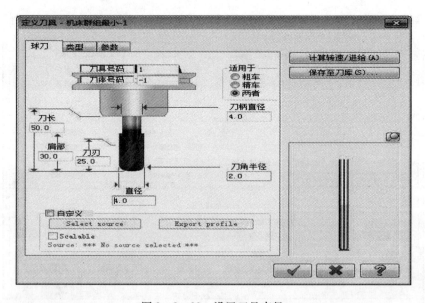

图 3 – 3 – 32　设置刀具直径

2. 生成刀具路径并验证

（1）完成加工参数设置后,产生加工刀具路径,然后单击"操作管理器"中的"实体加工验证"按钮,系统将弹出"验证"对话框,单击 ▶ 按钮,模拟结果如图 3 – 3 – 34 所示。

（2）单击"验证"对话框的"确定"按钮,结束模拟操作。然后单击"操作管理器"中的"关闭刀具路径显示" ≈ 按钮,关闭加工刀具路径的显示,为后续加工操作做好准备,冲压模具凹模加工结束。

90

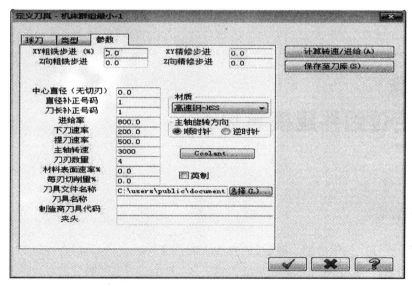

图 3 - 3 - 33　设置刀具参数

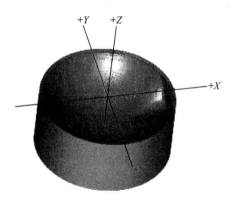

图 3 - 3 - 34　凹模精加工实体验证效果

第 4 章
销柱定位组件建模与加工

◄ ···········
  本章要点

在进行销柱定位组件加工时,对销孔加工的精度要求较高,所以在零件加工时要保证两孔轴线的平行度、定位孔与基准平面的垂直度、两孔的圆度和圆柱度以及两孔的定位尺寸等。因此在本章学习中重点掌握定位销孔的加工工艺,保证装配零件的尺寸精度和形位精度,从而满足装配要求。

◄ ···········
  零件图分析

4.1 销柱定位组件建模

图 4-1-1 所示为销柱定位组件,有上组件和下组件两部分,包含外轮廓、内轮廓和孔等图素。

4.1.1 建模工艺分析

建模前首先要求明确创建模型的工艺路线,二维轮廓零件的建模工艺路线如图 4-1-2所示。

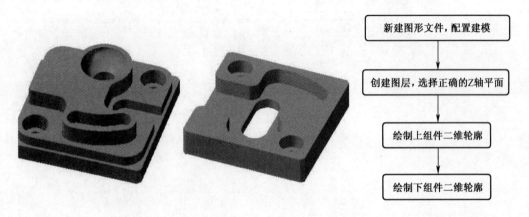

图 4-1-1 销柱定位组件　　　　图 4-1-2 二维轮廓零件建模工艺路线

92

4.1.2 上组件建模

1. 新建一个图形文件

在工具栏中单击 □ "新建"按钮,或者从菜单栏中选择"文件"→"新建文件"命令,从而新建一个 Mastercam X7 文件。

2. 相关属性状态设置

默认的绘图面为俯视图,构图深度 Z 值为"0",图层为 1(绘图尺寸见图 4-1-3~图 4-1-5所示)。

3. 按 F9 建立坐标轴(图 4-1-6)

4. 绘制深 10mm、直径为 30mm 的圆

绘制直径 30mm 的圆:先确定深度,要注意是在 2D 模式下,在 Z 值输入"-10",按 Enter 键,在绘图工具栏,单击 "圆心+点"按钮,圆心的坐标为(0,18),在 ⊠ 0.0 ▾ ⊻ 0.0 ▾ ⊻ -10.0 ▾ X 值输入"0",Y 值输入"18",Z 值不变。按 Enter 键,在"编辑圆心点"操作栏,单击"直径"按钮,在"直径输入框"中输入"30",按 Enter 键,单击"确定"按钮,绘制的圆如图 4-1-7 所示。

5. 绘制直线

单击绘图工具栏"绘制任意线",单击"水平键",在绘图区域的适当位置绘制一条直线,键入距离值"12",按 Enter 键,单击"应用"按钮,单击"垂直键",在绘图区域的适当位置绘制一条直线,键入距离值"-33",按 Enter 键,单击"应用"按钮,其余的线同理,最后单击"确定"按钮,结果如图 4-1-8 所示。

6. 绘制 2 个 $R7.5mm$ 的圆

以直径 30mm 圆的圆心绘制 $R42.5mm$、$R50mm$ 的圆,单击绘图工具栏"绘制任意线",直径 30mm 圆的圆心为起点,在 ∡ 0.0 ▾ ⊟ 角度中输入"-60",指定第 2 个端点,与 $R42.5mm$ 的圆弧交点,绘制 $R7.5mm$ 的圆弧。另外一个 $R7.5mm$ 的圆弧,利用切弧的方法绘制,即单击 ⊕ ▾ 右边下三角按钮,弹出菜单,单击切弧 ▱ (切二物体)按钮,在"直径"对话框中输入圆弧的直径"15",按 Enter 键,在绘图区域单击与圆弧相切的圆,选取所取的圆弧,单击"确定"按钮,结果如图 4-1-9 所示。

7. 修剪

单击"修剪/打断/延伸"按钮,单击"分/删除"按钮,单击绘图区域不要的部分,单击"确定"按钮,如图 4-1-10 所示。

8. 倒圆角

单击 ⌐ ▾(倒圆角)按钮,单击 ▱ (修剪)按钮,在"半径"对话框中输入半径值"6",单击需要倒角的四个图素,单击"应用",倒下一个圆角,同理,单击"确定"按钮,如图 4-1-11 所示。

9. 绘制深 8 个 R5 的键槽

在原先图的基础上,进行单体补正,单击 ⅃ ▾ 右边下三角按钮,单击 ⊮ (单体补正)按钮,弹出"补正"对话框如图 4-1-12 所示,单击"复制",选择要补正的图素,指定补

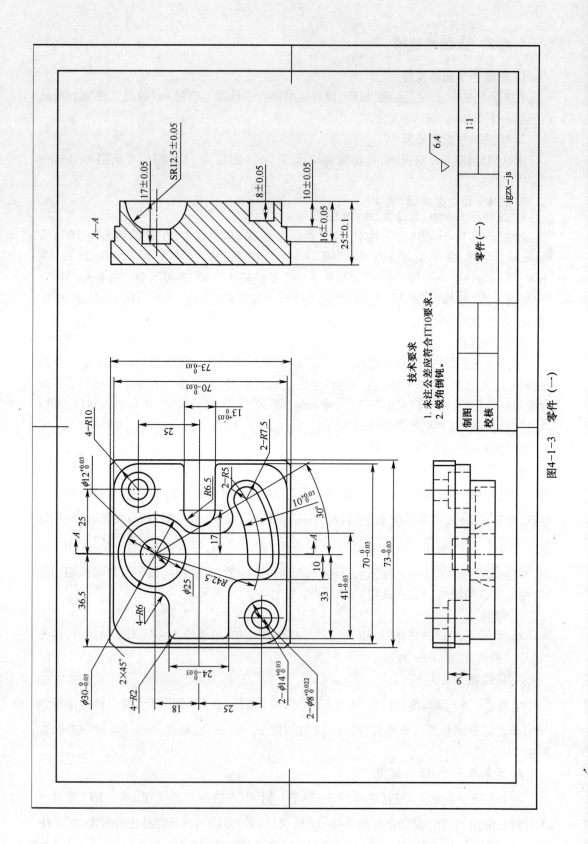

图4-1-3 零件（一）

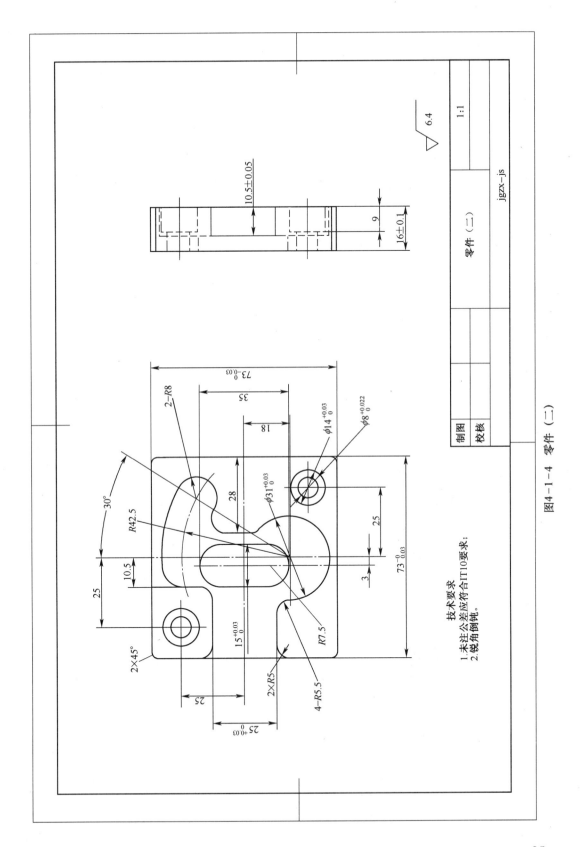

技术要求
1.未注公差应符合IT10要求;
2.锐角倒钝。

图4-1-4 零件 (二)

零件 (二)

jgzx-js

制图
校核

6.4

1:1

95

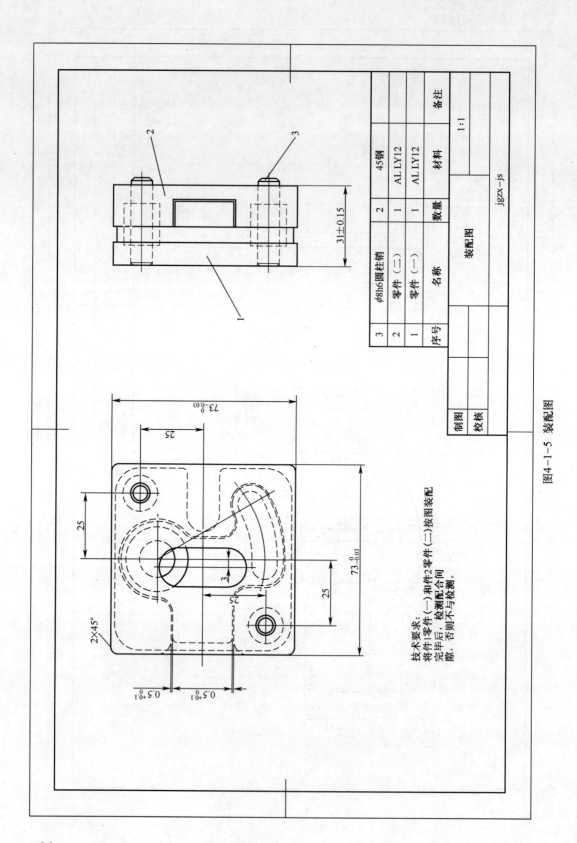

技术要求：
将件1零件（一）和件2零件（二）按图装配
完毕后，检测配合间隙，否则不予检测。

序号	名称	数量	材料	备注
3	∅8h6圆柱销	2	45钢	
2	零件（二）	1	AL LY12	
1	零件（一）	1	AL LY12	

装配图

jgzx–js

1:1

| 制图 | |
| 校核 | |

图4–1–5 装配图

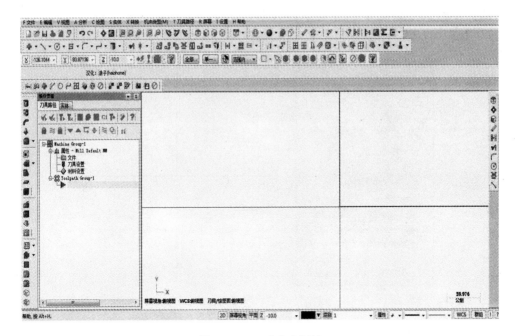

图 4-1-6　建立坐标轴

图 4-1-7　绘制圆　　　　　　图 4-1-8　绘制直线　　　　　　图 4-1-9　绘制圆

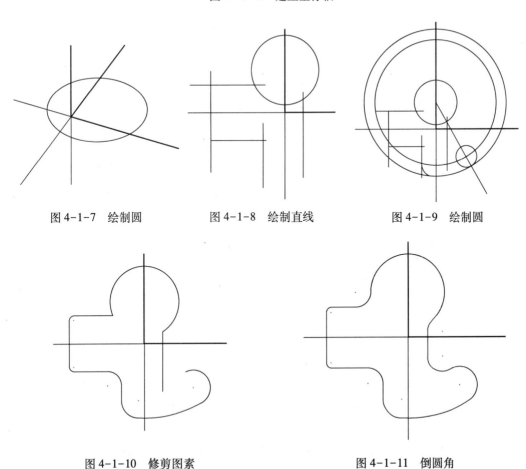

图 4-1-10　修剪图素　　　　　　　　　　图 4-1-11　倒圆角

正方向即在图素所要补正的方向空白处单击,在"半径"对话框中输入补正的数值"25.0",单击"应用"按钮,其他同理,单击"确定"按钮,如图 4-1-12 所示。

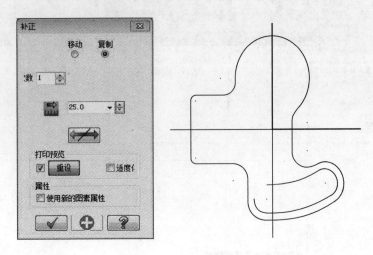

图 4-1-12 绘制键槽

10. 延伸因素

单击"修剪/打断/延伸"按钮,单击"延伸至 p 点"按钮,单击绘图区域需要延伸的图素进行调整,单击"确定"按钮,修剪,并向上平移 Z 值"2",如 4-1-13 所示。

分别绘制深 19mm、直径 14mm、深 27mm、直径 8mm 和深 17mm、直径 12mm 的圆孔,具体方法同上,注意由于直径为 8mm 的圆是通孔,所以深度应大于 25mm,如图 4-1-14 所示。

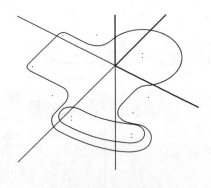

图 4-1-13 延伸图素

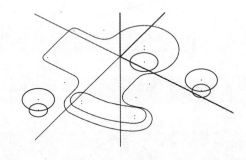

图 4-1-14 绘制圆孔

11. 绘制深 16、70×70 短形的外形

(1)绘制矩形、倒圆。在 2D 绘图状态下 ,在 Z 值输入"-16",按 Enter 键,单击"矩形"按钮,单击 ![icon],设置基准点为中心点,键入宽度和高度的数值分别为"70、70",单击"确定"按钮,倒圆如图 4-1-15 所示。

(2)绘制直线、圆。单击绘图工具栏"绘制任意线",单击"水平键",在绘图区域的适当位置绘制一条直线,键入距离值"6.5",按 Enter 键,单击"应用"按钮,其他同理,确定圆心位置,绘制圆,并进行修剪倒圆,如图 4-1-16 所示。

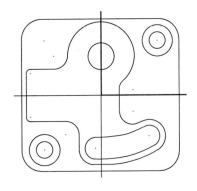

图 4-1-15 绘制矩形、倒圆

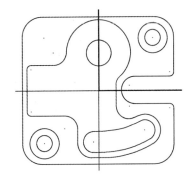

图 4-1-16 绘制直线、圆

12. 绘制深 25mm、73mm×73mm 矩形的外形

(1) 绘制矩形:先确定深度,再绘制矩形,具体方法同上。

(2) 倒斜角:单击  右边的下三角按钮按钮,单击"倒角"按钮,单击 "修剪" 按钮,键入 的数值为"2",其他不变,单击需要倒角的四个图素,单击"确定"按钮,如图 4-1-17 所示。

13. 绘制半圆曲面

(1) 绘制 1/4 圆和直径 25mm 的圆:建立第二个图层,绘图面为前视图,在 Z 值输入 "-18",绘制 1/4 圆, 单击 右边下三角按钮,弹出菜单,单击 极坐标圆弧,圆心为 (0,0)在半径对话框中输入半径值 "12.5",按 Enter 键,在 0.0 中输入起始 角度输入"270",在 0.0 中输入终止角度输入"180",按 Enter 键,绘图面为 俯视图,在 Z 值输入"0",圆心为(0,18),绘制直径为 25mm 的圆,如图 4-1-18 所示。

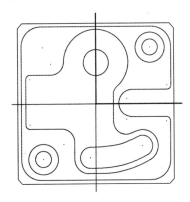

图 4-1-17 绘制倒斜角

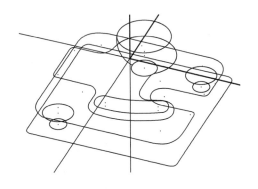

图 4-1-18 绘制半圆曲面

(2) 曲面扫描:单击"扫描曲面"按钮,弹出"串联选项"对话框,选取"截面方向外形 即 1/4 圆",按 Enter 键,选取"引导方向外 25"的圆,要注意引导的方向,如相反单击 ⇔(反向)按钮,单击"确定"按钮,如图 4-1-19 所示。

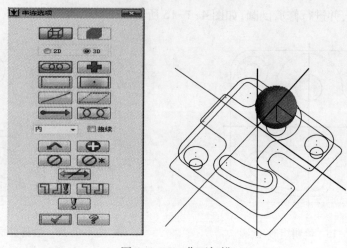

图 4-1-19　曲面扫描

4.1.3　下组件建模

（1）新建图层 2，设置绘图面为底视图，构图深度 Z 值为"0"，将图层 1 图突显取消。

（2）绘制深 10.5mm、直径为 31mm 圆的外形如图 4-1-20 所示。

（3）绘制分别深 9mm 直径 14mm 的圆和深 19mm 直径 8mm 的圆如图 4-1-21 所示。

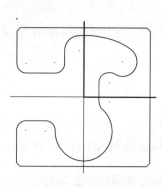

图 4-1-20　绘制图素

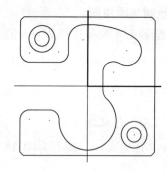

图 4-1-21　绘制圆

（4）绘制深 16mm、$R7.5$mm 键槽如图 4-1-22 所示。

（5）绘制 73mm×73mm 的矩形如图 4-1-23 所示。

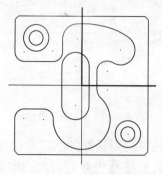

图 4-1-22　绘制键槽

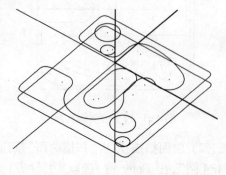

图 4-1-23　绘制矩形

4.2 销柱定位组件加工工艺分析

4.2.1 图纸分析

图4-1-3所示为零件(一),该零件由73mm×73mm倒角为C2mm的方形,70mm×70mm方台,24mm、ϕ30mm异形凸台,两个ϕ14mm沉孔及两个ϕ8mm深销孔组成。另外零件有半圆凹曲面,加工时要重点考虑加工工艺、零件定位装夹。对于曲面加工编程,采用计算机辅助制造(CAM)方法,进行自动编程。对于参与配合尺寸,应保证其加工精度,参与配合的自由公差尺寸0.5mm,应以尺寸上差加工。

图4-1-4所示为零件(二),该零件由73mm×73mm倒角为C2mm的方,24mm、ϕ30mm异形凹槽及15mm、R7.5mm键槽,两个ϕ14mm沉孔及两个ϕ8mm深销孔组成。零件形状较简单,精度较高,大多尺寸有配合要求,异形凹槽未注公差,但有配合要求,加工时应按较高精度加工,其他尺寸精度以图纸技术要求加工。

4.2.2 加工过程

图纸分析完成后进行加工过程分析,加工过程中用到的工量夹具见表4-2-1。

表4-2-1 工量夹具清单

序号	类别	名称	规格	数量	备注
1	材料	铝合金	75mm×75mm×28mm, 75mm×75mm×18mm	各1	
2	刀具	高速钢立铣刀	ϕ12mm、ϕ8mm、ϕ6mm	各1支	
		中心钻	ϕ3mm		
		钻头	ϕ7.8mm		
3	夹具	精密平口虎钳	0~300mm	1套	
4	量具	游标卡尺	1~150mm	1把	
		千分尺	0~25mm、25~50mm、50~75mm	各1把	
		深度千分尺	0~25mm	1把	
		内测千分尺	5~30mm	1把	
5	工具	铣夹头		2个	
		钻夹头		1个	
		弹簧夹套	ϕ12、ϕ8、ϕ6	各1个	与刀具配套
		平行垫铁		1副	装夹高度7mm
		锉刀	6寸	1把	
		油石		1支	

(1)毛坯选择:依据图纸,材料选择铝合金、零件(一)尺寸规格75mm×75mm×28mm一块,零件(二)尺寸规格75mm×75mm×18mm一块。

（2）结构分析：在配合件的零件上存在外形、腔槽、曲面、孔等结构，各结构较为常见。配合件的重点是装配精度，零件（二）为薄板零件，零件（一）包含半圆曲面，在加工时应重点考虑装夹、加工刚性、形位精度、切削用量等问题，防止加工变形而影响加工精度。

（3）加工工艺分析：经过以上分析，考虑到零件精度、装配精度要求，零件加工时总体安排顺序是：先加工零件（一），然后加工零件（二）。

4.3　销柱定位组件加工编程过程

4.3.1　销柱定位组件自动编程及加工——上组件

步骤一、启动 Mastercam X7，打开文件

（1）启动 Mastercam X7，选择"文件"→"打开"命令，弹出"打开"对话框，选择"两件配 . mcx"文件。由于零件反面的平面铣削及外形轮廓较为简单，可直接选择零件正面中的外形轮廓线加工。

（2）单击"打开"对话框中的 ✅ 按钮，将该文件打开。打开图层 1 中的二维图，单击工具栏上的"等视图" ⊕ 按钮，此时图形区显示如图 4-3-1 所示的界面。

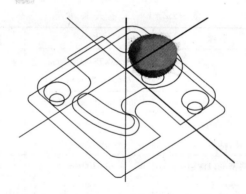

图 4-3-1　等视图显示

步骤二、选择加工系统

选择"机床类型"→"铣床"→"默认"命令，此时系统进入铣削加工模块。

步骤三、素材设置

双击"属性-Mill Default MM"标识，展开"属性"后的"操作管理器"，选择"属性"选项下的"材料设置"命令，系统弹出"机器群组属性"对话框，选择"材料设置"选项卡，设置毛坯形状为矩形，选中"显示"选项区域中的"线架加工"单选按钮，在显示窗口中以线框形式显示毛坯，素材原点为(0,0,0)，长为 75mm，宽为 75mm，高为 30mm，单击"机器群组属性"对话框中的 ✅ 按钮，完成加工工件设置。

步骤四、平面铣削加工

直接在图层 Z 值为"0"处，绘制一个比毛坯大的矩形，成为面铣的轮廓线。

1. 启动面铣加工

(1) 选择"刀具路径"→"平面铣"命令,弹出"输入新 NC 名称"对话框,重命名为"零件一"。

(2) 单击 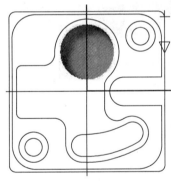 按钮,在弹出的"串连选项"对话框中选择轮廓线。

(3) 单击 按钮,完成选择,弹出"2D 刀具路径-平面铣削"对话框。在对话框左侧的"参数类别列表"中选择"刀具"选项,出现刀具设置对话框,在对话框中右侧的空白处右击鼠标,选择"创建新刀具"按钮,弹出"定义刀具"对话框,在"类型"中选择"平底刀"输入刀具直径为 12mm,参数与前面例子中 12mm 的平底刀参数是一致的。

(4) 单击 按钮确定后,返回"2D 刀具路径-平面铣削"对话框。

2. 设置切削参数

打开"切削液",与前面例子中的铣平面参数设置一致即可。

3. 生成刀具路径并验证

完成加工参数设置后,产生加工刀具路径,单击"验证"对话框的 按钮,结束模拟操作,关闭加工刀具路径的显示,为后续加工操作做好准备。

步骤五、外形轮廓加工

1. 启动等高外形加工

(1) 选择"刀具路径"→"外形铣削"命令,弹出"串连选项"对话框,选择"2D"和"串连选项",选择如图 4-3-2 所示的轮廓线。

图 4-3-2　选择串连轮廓线

(2) 单击"串连选项"对话框中的"确定"按钮,弹出"2D 刀具路径-外形"对话框。

2. 设置加工刀具

在"2D 刀具路径-外形"对话框左侧的"参数类别列表"中选择"刀具"选项,出现刀具设置对话框,仍选择刀具直径为 12mm 的平底刀,刀具参数不变。

3. 设置切削参数

在左侧的"参数类别列表"中选择"切削参数"选项,弹出"切削参数"对话框,预留量均设置为 0 即可(粗加工时一般将壁边预留量设为 0.3~0.5,精加工时视图纸要求的公差实际情况而做计算得到)。其他参数默认。

4. 设置外形铣削高度参数

在左侧的"参数类别列表"中选中"共同参数"节点,"深度"设置为-25,其余参数与

103

前面例子中的设置一致即可。

5. 进/退刀设置

在左侧的"参数类别列表"中选择"进/退刀设置"选项,弹出"进/退刀参数"对话框。设置"进刀"中的切入直线进刀为"10",退刀为"10"。其余参数默认。注意,不勾选"在封闭轮廓的中点位置执行进/退刀"选项。

6. 深度切削参数

在左侧的"参数类别列表"中选择"深度切削参数"选项,弹出"深度切削参数"对话框。设置参数与前面例子中的设置一致即可(铣削外轮廓时由于余量较少,深度的最大切削量可适当增加,视实际的情况及加工经验而定)。

7. 生成刀具路径并验证

完成加工参数设置后,产生加工刀具路径,模拟结果,如图4-3-3所示。单击"验证"对话框中的"确定" 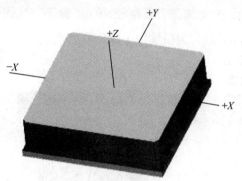 按钮,结束模拟操作。关闭加工刀具路径的显示,上组件的反面加工完毕。

图 4-3-3　方轮廓实体验证效果

反面加工上组件正面,平面铣的加工参数与上面例子相同。

步骤六、标准挖槽加工

1. 启动标准挖槽加工

(1) 选择"刀具路径"→"2D挖槽"命令,弹出"串连选项"对话框,选择"2D"和"串连选项",选择如图4-3-4所示的轮廓线。

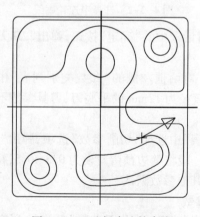

图 4-3-4　选择串连轮廓线

（2）单击"串连选项"对话框中的"确定"按钮,弹出"2D 刀具路径-2D 挖槽"对话框。

2. 设置加工刀具

在"2D 刀具路径中选择 2D 挖槽"对话框左侧的"参数类别列表"中选择"刀具"选项,出现"刀具设置"对话框,仍选择刀具直径为 12mm 的平底刀,"进给率"设为"200"(铣削内轮廓是需将进给率设置小点,外轮廓时一般设置为"300",具体设置视实际加工情况而定),其余参数不变。

3. 设置切削参数

在左侧的"参数类别列表"中选择"切削参数"选项,弹出"切削参数"对话框,预留量均设置为 0 即可。其他参数默认。"粗加工参数"的切削方式设置为"平行环切","间距"设为"7",其余参数默认。

4. 设置共同参数

在左侧的"参数类别列表"中选中"共同参数"节点,"深度"设置为"-10"(在"深度切削"中刀具每刀切深为 5,所以分两层切削即可),其余参数与前面例子中的设置一致即可。

5. 进/退刀设置

在左侧的"参数类别列表"中选择"进/退刀设置"选项,弹出"进/退刀参数"对话框。设置"进刀"中的切入圆弧半径进刀为"2",退刀为"2",其余参数默认。注意,不勾选"在封闭轮廓的中点位置执行进/退刀"选项。

6. 生成刀具路径并验证

完成加工参数设置后,产生加工刀具路径,模拟结果,如图 4-3-5 所示。结束模拟操作,关闭加工刀具路径的显示,为后续加工操作做好准备。去除余量主要用到的就是标准挖槽功能,先执行一次标准挖槽,再用等高外形进行半精加工和精加工。

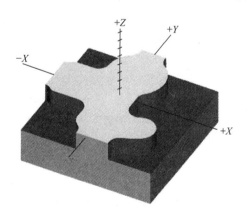

图 4-3-5 凸轮廓粗加工实体验证效果

步骤七、外形轮廓加工

1. 启动等高外形加工

（1）选择"刀具路径"→"外形铣削"命令,弹出"串连选项"对话框,选择"2D"和"串连选项",选择图 4-3-4 所示的矩形轮廓线。

（2）单击"串连选项"对话框中的"确定"按钮,弹出"2D 刀具路径-外形"对话框。

2. 设置加工刀具

在"2D 刀具路径-外形"对话框左侧的"参数类别列表"中选择"刀具"选项,出现"刀具设置"对话框,仍选择刀具直径为 12mm 的平底刀,刀具参数不变。

3. 设置切削参数

在左侧的"参数类别列表"中选择"切削参数"选项,弹出"切削参数"对话框,"预留量"均设置为 0 即可(粗、精加工参数与前面例子设置一致即可)。其他参数默认。

4. 设置外形铣削高度参数

在左侧的"参数类别列表"中选中"共同参数"节点,"深度"设置为"-10",其余参数与前面例子中的设置一致即可。

5. 进/退刀设置

在左侧的"参数类别列表"中选择"进/退刀设置"选项,弹出"进/退刀参数"对话框。进、退刀参数与前面例子设置一致即可,其余参数默认。注意,不勾选"在封闭轮廓的中点位置执行进/退刀"选项。

6. 深度切削参数

在左侧的"参数类别列表"中选择"深度切削参数"选项,弹出"深度切削参数"对话框。设置参数与前面例子中的设置一致即可(铣削外轮廓时由于余量较少,深度的最大切削量可适当增加,视实际的情况及加工经验而定)。

7. 生成刀具路径并验证

完成加工参数设置后,产生加工刀具路径,模拟结果,如图 4-3-6 所示。单击"验证"对话框中的"确定"按钮,结束模拟操作。关闭加工刀具路径的显示,为后续加工操作做好准备。

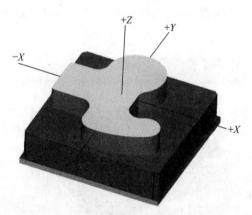

图 4-3-6 凸轮廓精加工实体验证效果

步骤八、外形轮廓加工

1. 启动等高外形加工

(1)选择"刀具路径"→"外形铣削"命令,弹出"串连选项"对话框,选择"2D"和"串连选项",选择图 4-3-7 所示的轮廓线。

(2)单击"串连选项"对话框中的"确定"按钮,弹出"2D 刀具路径-外形"对话框。

2. 设置加工刀具

刀具仍选择直径为 12mm 的平底刀,刀具参数不变。

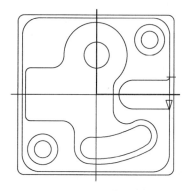

图 4-3-7　选择串连轮廓线

3. 设置切削参数

在左侧的"参数类别列表"中选择"切削参数"选项,弹出"切削参数"对话框,预留量均设置为 0 即可(粗、精加工参数与前面例子设置一致即可)。其他参数默认。

4. 设置外形铣削高度参数

在左侧的"参数类别列表"中选中"共同参数"节点,"工件表面"绝对坐标值设为"-9","深度"绝对坐标值设置为"-16",其余参数与前面例子中的设置一致即可。

5. 进/退刀设置

在左侧的"参数类别列表"中选择"进/退刀设置"选项,弹出"进/退刀参数"对话框。进、退刀参数与前面例子设置一致即可。其余参数默认。注意,不勾选"在封闭轮廓的中点位置执行进/退刀"选项。

6. 深度切削参数

在左侧的"参数类别列表"中选择"深度切削参数"选项,弹出"深度切削参数"对话框。设置参数与前面例子中的设置一致即可(铣削外轮廓时由于余量较少,深度的最大切削量可适当增加,视实际的情况及加工经验而定,直径 12mm 的刀具一般设置切深为 5mm)。

7. 生成刀具路径并验证

完成加工参数设置后,产生加工刀具路径,模拟结果如图 4-3-8 所示,单击"验证"对话框中的"确定"按钮,结束模拟操作。关闭加工刀具路径的显示,为后续加工操作做好准备。

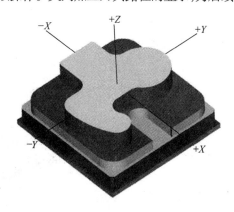

图 4-3-8　圆角矩形实体验证效果

步骤九、外形轮廓加工

1. 启动等高外形加工

（1）选择"刀具路径"→"外形铣削"命令，弹出"串连选项"对话框，选择"2D"和"串连选项"，选择图 4-3-9 所示的轮廓线。

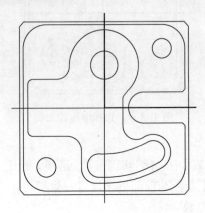

图 4-3-9 选择串连轮廓线

（2）单击"串连选项"对话框中的"确定"按钮，弹出"2D 刀具路径-外形"对话框。

2. 设置加工刀具

刀具仍选择直径为 12mm 的平底刀，"刀具参数进给率"设为"200"，其他参数不变。

3. 设置切削参数

在左侧的"参数类别列表"中选择"切削参数"选项，弹出"切削参数"对话框，"预留量"均设置为 0 即可（粗、精加工参数与前面例子设置一致即可）。其他参数默认。

4. 设置外形铣削高度参数

在左侧的"参数类别列表"中选中"共同参数"节点，"工件表面"绝对坐标值设为"-9"，"深度"绝对坐标值设置为"-19"，其余参数与前面例子中的设置一致即可。

5. 进/退刀设置

在左侧的"参数类别列表"中选择"进/退刀设置"选项，弹出"进/退刀参数"对话框。进、退刀参数与前面例子设置一致即可。其余参数默认。注意，不勾选"在封闭轮廓的中点位置执行进/退刀"选项。

6. 深度切削参数

在左侧的"参数类别列表"中选择"深度切削参数"选项，弹出"深度切削参数"对话框。设置参数与前面例子中的设置一致即可。

7. 生成刀具路径并验证

完成加工参数设置后，产生加工刀具路径，模拟结果，如图 4-3-10 所示。单击"验证"对话框中的"确定"按钮，结束模拟操作。关闭加工刀具路径的显示，为后续加工操作做好准备。

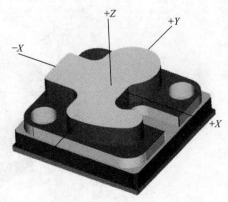

图 4-3-10 沉孔实体验证效果

108

步骤十、标准挖槽加工

1. 启动挖槽加工

选择"刀具路径"→"R曲面粗加工"→"K粗加工挖槽"命令,在如图4-3-11所示,工具栏处选择凹球面,单击绿色图标,"确定"。弹出"刀具路径的曲面"对话框。单击"刀具路径参数"选项中刀具仍选择12mm的平底刀,"曲面加工参数"选项参数设置与鼠标一例子中的加工参数设置是一致即可。"切削深度"最高位置设为"0",最低位置设为"-12.5"。

图4-3-11 选取绿色图标

2. 生成刀具路径并验证

完成加工参数设置后,产生加工刀具路径,模拟结果,如图4-3-12所示,结束模拟操作。关闭加工刀具路径的显示,为后续加工操作做好准备。

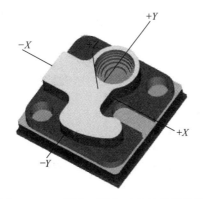

图4-3-12 圆曲面粗加工实体验证效果

步骤十一、外形轮廓加工

1. 启动等高外形加工

(1)将凹球曲面存放的图层关闭,便于选取轮廓线。选择"刀具路径"→"外形铣削"命令,弹出"串连选项"对话框,选择"2D"和"串连选项",选择图4-3-13所示的轮廓线。

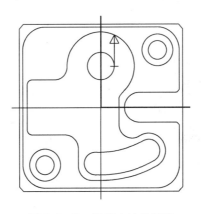

图4-3-13 选择串连轮廓线

（2）单击"串连选项"对话框中的"确定"按钮,弹出"2D 刀具路径-外形"对话框。

2. 设置加工刀具

刀具仍选择直径为 8mm 的平底刀,刀具参数与前面例子中的设置一致。

3. 设置切削参数

在左侧的"参数类别列表"中选择"切削参数"选项,弹出"切削参数"对话框,"预留量"均设置为 0 即可(粗、精加工参数与前面例子设置一致即可),其他参数默认。

4. 设置外形铣削高度参数

在左侧的"参数类别列表"中选中"共同参数"节点,"工件表面"绝对坐标值设为"-10","深度"绝对坐标值设置为"-17",其余参数与前面例子中的设置一致即可。

5. 进/退刀设置

在左侧的"参数类别列表"中选择"进/退刀设置"选项,弹出"进/退刀参数"对话框。进、退刀参数与前面例子设置一致即可,其余参数默认。注意,不勾选"在封闭轮廓的中点位置执行进/退刀"选项。

6. 深度切削参数

在左侧的"参数类别列表"中选择"深度切削参数"选项,弹出"深度切削参数"对话框。设置参数与前面例子中的设置一致即可。

7. 生成刀具路径并验证

完成加工参数设置后,产生加工刀具路径,模拟结果,如图 4-3-14 所示。单击"验证"对话框中的"确定"按钮,结束模拟操作。关闭加工刀具路径的显示,为后续加工操作做好准备。

步骤十二、外形轮廓加工

1. 启动外形铣削加工

（1）选择"刀具路径"→"外形铣削"命令,弹出"串连选项"对话框,选择"2D"和"串连选项",选择图 4-3-15 所示的轮廓线。

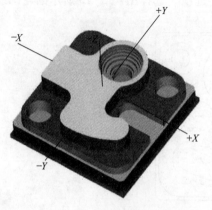

图 4-3-14　圆型腔实体验证效果

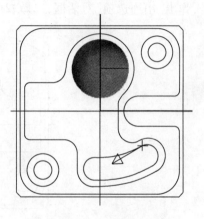

图 4-3-15　选择串连轮廓线

（2）单击"串连选项"对话框中的"确定"按钮,弹出"2D 刀具路径-外形"对话框。

2. 设置加工刀具

刀具仍选择直径为 8mm 的平底刀,刀具参数与前面例子中的设置一致。

3. 设置切削参数

在左侧的"参数类别列表"中选择"切削参数"选项,弹出"切削参数"对话框,"预留量"均设置为 0,其他参数默认。

4. 设置外形铣削高度参数

在左侧的"参数类别列表"中选中"共同参数"节点,"工件表面"绝对坐标值设为"0","深度"绝对坐标值设置为"-8",其余参数与前面例子中的设置一致即可。

5. 进/退刀设置

在左侧的"参数类别列表"中选择"进/退刀参数"选项,弹出"进/退刀参数"对话框。进、退刀参数与前面例子设置一致即可,其余参数默认。注意,不勾选"在封闭轮廓的中点位置执行进/退刀"选项。

6. 深度切削参数

在左侧的"参数类别列表"中选择"深度切削参数"选项,弹出"深度切削参数"对话框。设置参数与前面例子中的设置一致即可。

7. 生成刀具路径并验证

完成加工参数设置后,产生加工刀具路径,模拟结果如图 4-3-16 所示。单击"验证"对话框中的"确定"按钮,结束模拟操作。关闭加工刀具路径的显示,为后续加工操作做好准备。

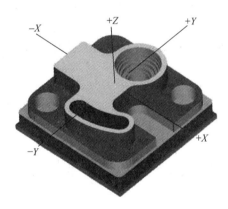

图 4-3-16　弧形槽实体验证效果

步骤十三、钻孔

1. 启动钻孔加工

（1）选择"刀具路径"→"钻孔"命令,弹出"选取钻孔的点"对话框,选取图中需要钻孔位置的点。

（2）单击"确定"按钮,弹出"2D 刀具路径-钻孔/全圆铣削 深孔钻-无啄孔"对话框。

2. 设置加工刀具

创建一把直径为 7.8mm 的麻花钻,"钻削参数"设置与前面例子中的参数一致即可。设置切削参数在左侧的"参数类别列表"中选择"切削参数"选项,弹出"切削参数"对话框,设置相关参数。

3. 设置高度参数

(1)在左侧的"参数类别列表"中选中"共同参数"节点,设置"工件表面"绝对坐标为"-19","深度"设为"-30",其余参数与前面例子设置一致即可。

(2)单击"确定"按钮,完成所有加工参数设置。

4. 生成刀具路径并验证

完成加工参数设置后,产生加工刀具路径,模拟结果如图 4-3-17 所示。结束模拟操作,关闭加工刀具路径的显示,为后续加工操作做好准备。

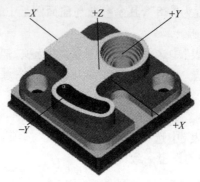

图 4-3-17　钻孔实体验证效果

步骤十四、铰孔

1. 启动钻孔加工

(1)选择"刀具路径"→"钻孔"命令,弹出"选取钻孔的点"对话框,选取图中需铰孔的点的位置。

(2)单击"确定"按钮,弹出"2D 刀具路径-钻孔/全圆铣削/深孔钻-无啄孔"对话框。

2. 设置加工刀具

创建一把直径为 8mm 的铰刀,钻削参数设置与前面例子中铰刀的参数设置一致即可。

3. 设置切削参数

在左侧的"参数类别列表"中选择"切削参数"选项,弹出"切削参数"对话框,设置相关参数。

4. 设置高度参数

(1)在左侧的"参数类别列表"中选中"共同参数"节点,设置"工件表面"绝对坐标值为"-19",深度绝对坐标值为"-30"。

(2)单击"确定"按钮,完成所有加工参数设置。

5. 生成刀具路径并验证

完成加工参数设置后,产生加工刀具路径,模拟结果,与图 4-3-17 一致,结束模拟操作。关闭加工刀具路径的显示,为后续加工操作做好准备。

步骤十五、环绕等距粗、精加工

1. 启动环绕等距加工

选择"刀具路径"→"F 曲面精加工"→"环绕等距"命令,选择"实体的面"为凹球面,创建一把直径为 8mm 的球头刀,参数设置与前面例子中 8mm 的球头刀参数一致。其余选项参数设置均与前面例子中的应用到的"环绕等距参数"设置一致(粗加工时将预留量设为"0.1",且最大切削间距设为"2"。当精加工时将预留量设为"0",最大切削间距设为"0.3",其余步骤均一致)。

2. 生成刀具路径并验证

完成加工参数设置后,产生加工刀具路径,模拟结果如图 4-3-18 所示,结束模拟操作。关闭加工刀具路径的显示,上组件的正面加工完毕。

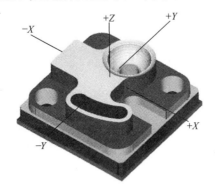

图 4-3-18 弧面精加工实体验证效果

4.3.2 销柱定位组件自动编程及加工——下组件

选择加工系统、素材设置和平面铣削加工都与上组件的加工方式相同,这里不再赘述。

步骤一、标准挖槽加工

1. 启动挖槽加工

选择"刀具路径"→"2D 挖槽"命令,弹出"串连选项"对话框,选择"2D"和"串连选项",选择图 4-3-19 所示的两条轮廓线。刀具、参数可参考前面例子中的选择与设置。

2. 生成刀具路径并验证

完成加工参数设置后,产生加工刀具路径,模拟结果如图 4-3-20 所示,结束模拟操作。关闭加工刀具路径的显示,为后续加工操作做好准备。

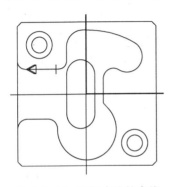

图 4-3-19 选择串连轮廓线

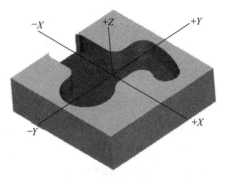

图 4-3-20 凹型腔粗加工实体验证效果

113

步骤二、外形轮廓加工

1. 启动等高外形加工

选择"刀具路径"→"外形铣削"命令,弹出"串连选项"对话框,选择"2D"和"串连选项",选择图 4-3-21 所示的轮廓线。刀具、参数可参考前面例子中的选择与设置。

2. 生成刀具路径并验证

完成加工参数设置后,产生加工刀具路径,模拟结果,如图 4-3-22 所示,结束模拟操作。关闭加工刀具路径的显示,为后续加工操作做好准备。

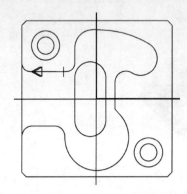

图 4-3-21　选择串连轮廓线

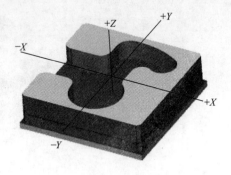

图 4-3-22　凹型腔精加工实体验证效果

步骤三、外形轮廓加工

1. 启动外形铣削加工

选择"刀具路径"→"外形铣削"命令,弹出"串连选项"对话框,选择"2D"和"串连选项",选择图 4-3-23 所示的轮廓线。刀具、参数可参考前面例子中的选择与设置。

2. 生成刀具路径并验证

完成加工参数设置后,产生加工刀具路径,模拟结果如图 4-3-24 所示,结束模拟操作。关闭加工刀具路径的显示,为后续加工操作做好准备。

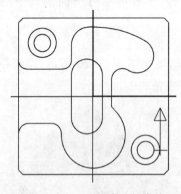

图 4-3-23　选择串连轮廓线

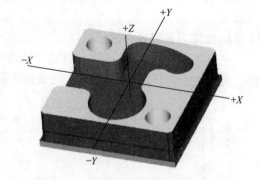

图 4-3-24　沉孔加工实体验证效果

步骤四、钻孔

1. 启动钻孔加工

选择"刀具路径"→"钻孔"命令,弹出"选取钻孔的点"对话框,选取图中需要钻孔位置的点。刀具、参数可参考前面例子中的选择与设置。

2. 生成刀具路径并验证

完成加工参数设置后,产生加工刀具路径,模拟结果。结束模拟操作,关闭加工刀具路径的显示,为后续加工操作做好准备。

步骤五、绞孔

1. 启动钻孔加工

选择"刀具路径"→"钻孔"命令,弹出"选取钻孔的点"对话框,选取图中需要钻孔位置的点。刀具、参数可参考前面例子中的选择与设置。

2. 生成刀具路径并验证

完成加工参数设置后,产生刀具路径,模拟结果。结束模拟操作,关闭加工刀具路径的显示,下组件正面加工完毕。

下组件自动编程及反面加工,在图形区左侧的操作管理处新建一组刀具路径群组,便于加工操作。平面铣削加工与外轮廓的加工都与下组件的正面的加工方式相同。

步骤六、外形铣削加工

1. 启动外形铣削加工

选择"刀具路径"→"外形铣削"命令,弹出"串连选项"对话框,选择"2D"和"串连选项",选择图4-3-25所示的轮廓线。刀具、参数可参考前面例子中的选择与设置。

2. 生成刀具路径并验证

完成加工参数设置后,产生加工刀具路径,模拟结果如图4-3-26所示。结束模拟操作,关闭加工刀具路径的显示,下组件的反面加工完毕。

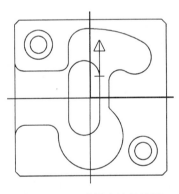

图4-3-25　选择串连轮廓线

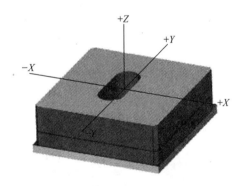

图4-3-26　键槽加工实体验证效果

115

第5章
复杂配合件建模与加工

本章所介绍的复杂配合件由基座、转动体和手柄组成。在加工复杂配合件的过程中，需要进行多次装夹，每次装夹建立工件坐标原点时都应满足图纸的尺寸要求，同时应注意加工路线的制定、加工工艺的安排以及切削参数的设置等。另外在轨迹生成时要注意选择恰当的加工策略以及设置合理的参数。在加工时同样要考虑如何保证配合面的尺寸精度和相互间的位置精度，从而达到装配要求。

◀ 零件图分析

5.1　复杂配合件建模

图 5-1-1 所示为复杂配合件实体模型，由手柄、转动体和基座三部分组成，包含外轮廓、内轮廓和孔等图素。

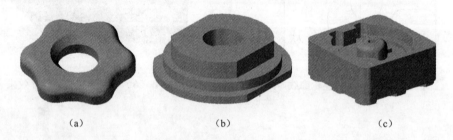

（a）　　　　　　　　　　（b）　　　　　　　　　（c）

图 5-1-1　复杂配合件实体模型
（a）手柄；（b）转动体；（c）基座。

5.1.1　建模工艺分析

建模前首先要求明确创建模型的工艺路线，复杂配合件的建模工艺路线如图 5-1-2 所示。

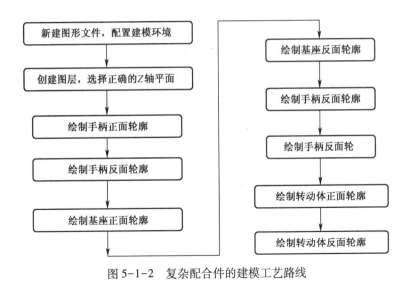

图 5-1-2 复杂配合件的建模工艺路线

5.1.2 手柄建模

1. 新建一个图形文件

在工具栏中单击 ⬚ 新建按钮,或者从菜单栏中选择"文件"→"新建文件"命令,从而新建一个 Mastercam X7 文件。

2. 相关属性状态设置

默认的绘图面为俯视图,构图深度 Z 值为"0",图层为"1"。绘图尺寸见图 5-1-3 所示。

3. 按 F9 建立坐标轴

4. 绘制手柄正面

1)绘制直径 64mm 的外形

(1)绘制直径为 64mm 的圆:先确定深度,要注意是在 2D 模式下有

`2D 屏幕视角 平面 Z -10.0 ∨`,在 Z 值输入"-10",按 Enter 键,在绘图工具栏单击"圆心+点"按钮,绘制圆心为(0,0),直径 64mm 的圆,在"编辑圆心点"操作栏单击"直径"按钮,在其文本框输入"64",按 Enter 键,单击"应用"按钮,接着画圆,最后单击"确定"按钮,绘制的圆如图 5-1-4(a)所示。

(2)绘制 6 个半径为 10mm 的圆:在绘图工具栏单击"圆心+点"按钮,圆心坐标(0,22),在"编辑圆心点"操作栏单击"直径"按钮,在其文框输入"20",按 Enter 键,单击"确定"按钮,单击"旋转"按钮,选取旋转的图素即半径为 10mm 的圆,按 Enter 键,弹出旋转对话框如图所示,单击"复制",次数输入"5",输入"60",其他不变,单击"确定"按钮,如图 5-1-4(b)所示。

(3)切弧:单击 ⊕ ▾ 右边下三角按钮,弹出菜单,单击切弧 ◑ ,单击 ▣ (切二物体)按钮,在"直径"对话框中键入圆弧的直径 40mm,按 Enter 键,在绘图区域单击与圆弧相切的两个圆,选取所取的圆弧,其他同理,单击"确定"按钮,如图 5-1-5 所示。

(4)修剪:单击"修剪/打断/延伸"按钮,单击"分/删除"按钮,单击绘图区域不要的

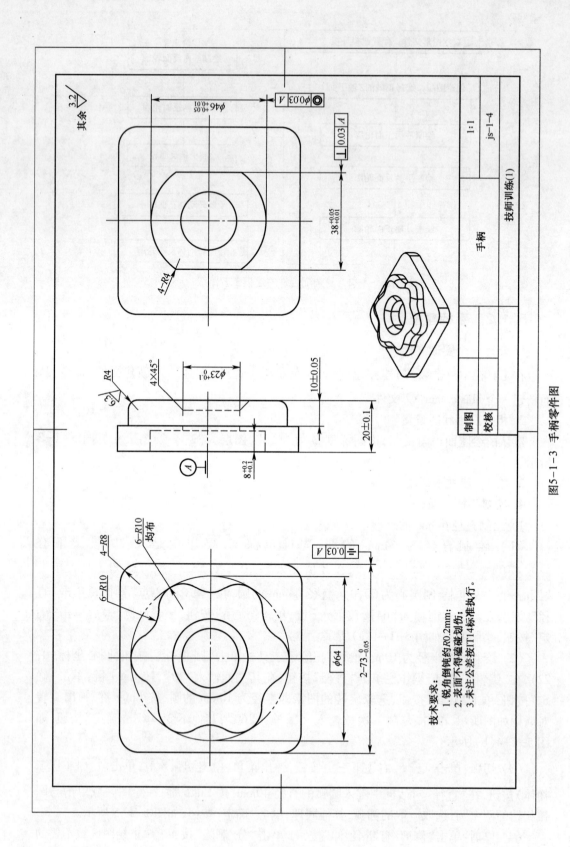

118

技术要求:
1. 锐角倒钝约R0.2mm;
2. 表面不得磕碰划伤;
3. 未注公差按IT14标准执行。

图5-1-3 手柄零件图

技师训练(1)

手柄

js-1-4

1:1

制图
校核

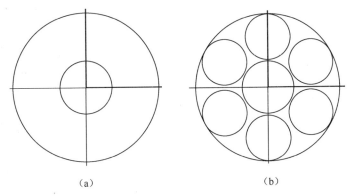

（a）　　　　　　　　　　　　　（b）

图 5-1-4　按钮绘制圆

部分，单击"确定"按钮，如图 5-1-6 所示。如果对颜色感觉不适，可以在空白处单击鼠标右键，单击"清除颜色"，所有图素都变为绿色。

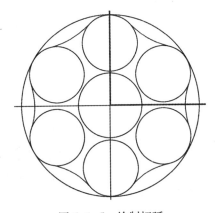

图 5-1-5　绘制切弧

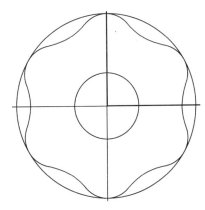

图 5-1-6　修剪切弧

2）绘制 73mm×73mm 的外形

绘制正方形在 | 2D | 屏幕视角 | 平面 Z | -20.0 | ∨ | 的 Z 值输入"-20"，按 Enter 键，单击 ▣（矩形）按钮，单击 ✚，设置基准点为中心点，键入宽度和高度的数值分别为"73、73"，单击"确定"按钮，倒圆角 4-R8mm，如图 5-1-7 所示。

3）建立实体

（1）实体挤出：建立新的层别，在 | 层别 2 | ∨ | 中输入"2"，按 Enter 键。在工具栏上单击 ⬆（挤出实体）按钮，弹出对话框，单击串连 ⬭⬭⬭，选取挤出的两串连图素，单击"确定"按钮，弹出"挤出实体的设置"对话框，单击创建主体，在按指定的距离延伸距离填"10"，看拉伸的方向是否正确，如相反则把"更改方向"勾选上，单击"确定"按钮，如图 5-1-8 所示。

（2）倒圆角：单击 ▦（实体倒圆角）按钮，注意 ⬛ ⬛ ⬛ ⬛，只选择 ⬛（边界）按钮，选取需倒圆角的图素即所画的直径 64mm 的外形，按 Enter 键，弹出"倒圆角"对话框，其他不变，只填入半径值为 4mm，单击"确定"按钮，如图 5-1-9 所示。

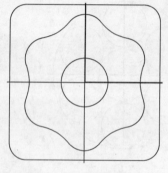

图 5-1-7 绘制正方形

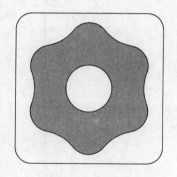

图 5-1-8 挤出实体

（3）倒斜角：单击 ▦▾ 右边下三角按钮，选择 ▦ （距离/角度）按钮，注意 ▦ ▦ ▦ ▦ ，只选择 ▦ （边界）按钮，选取需倒圆角的图素即所画的直径 23mm 的圆，按 Enter 键，弹出"倒斜角"对话框，其他不变，只填入距离值为 4mm，角度值为 45°，单击"确定"按钮，如图 5-1-10 所示。

图 5-1-9 实体倒圆角

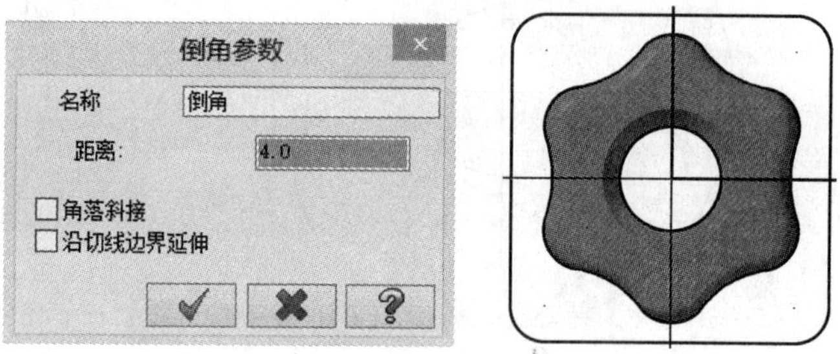

图 5-1-10 倒斜角

5. 绘制手柄反面

（1）新建图层 3，将图层 1、2 隐藏。

（2）2D 模式下，确定深度 Z 值为"-20"，绘制直径 23mm 的圆。

（3）2D 模式下，确定深度 Z 值为"-8"，绘制直径 46mm 的圆，绘制两个垂直线并进行修剪。

（4）2D 模式下，确定深度 Z 值为"-20"，绘制"73×73"的矩形，并倒圆，整体效果如图 5-1-11所示。

5.1.3 基座建模

1. 新建一个图形文件

在工具栏中单击"新建"按钮，或者从菜单栏中选择"文件"→"新建文件"命令，从而新建一个 Mastercam X7。

2. 相关属性状态设置

默认的绘图面为俯视图，构图深度 Z 值为"0"，图层为 1。绘图尺寸见图 5-1-12 所示。

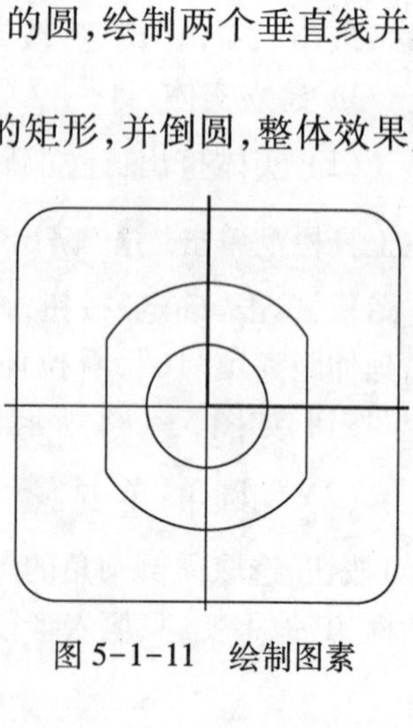

图 5-1-11 绘制图素

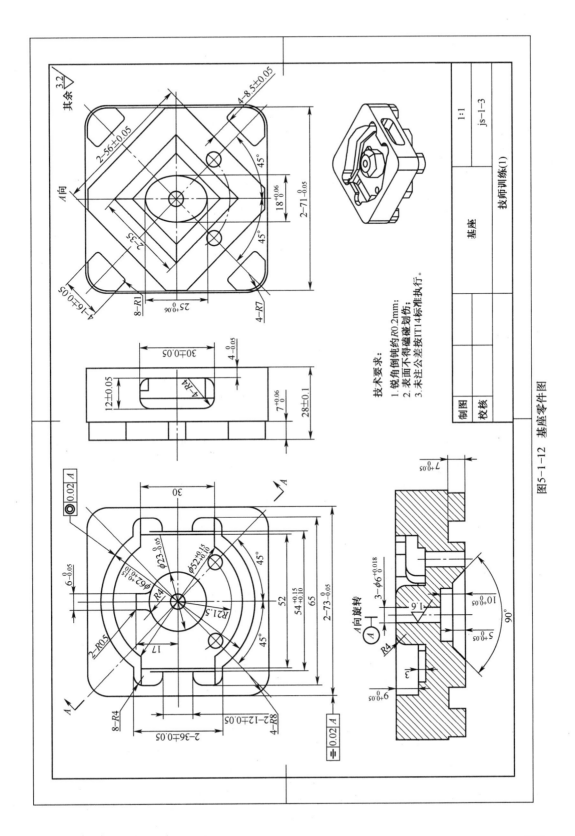

图5-1-12 基座零件图

121

3. 按 F9 建立坐标轴(如同前面)

4. 绘制基座正面

1)绘制深 9mm,直径 62mm 的外形

(1)绘制直径 62mm 的圆:在 2D 模式下,深度 Z 值为"-9",在绘图工具栏单击"圆心+点"按钮,绘制圆心(0,0),直径 62mm 的圆,在"编辑圆心点"操作栏单击"直径"按钮,在其文本框输入"62",按 Enter 键,单击"确定"按钮,绘制的圆如图 5-1-13 所示。

(2)绘制直线:单击绘图工具栏"绘制任意线",单击"水平键",在绘图区域的适当位置绘制一条直线,键入距离值 18mm,按 Enter 键,单击"应用"按钮,其他同理,单击"垂直键",在绘图区域的适当位置绘制一条直线,键入距离值 32.5mm,按 Enter 键,单击"应用"按钮,其他同理,按"确定"按钮,结果如图 5-1-14 所示。

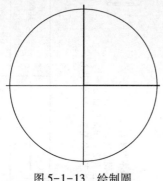

图 5-1-13 绘制圆

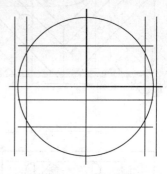

图 5-1-14 绘制直线

(3)修剪:单击"修剪/打断/延伸"按钮,单击"分/删除"按钮,单击绘图区域不要的部分,按"确定"按钮。倒圆角:单击"倒圆角"按钮,单击"修剪"按钮,键入半径值 4mm,单击需要倒角的图素,单击"应用"按钮,单击"确定"按钮,如图 5-1-13 所示。

2)绘制深 12mm、直径 52mm 的外形

(1)将直径 62mm 的外形平移复制:单击"平移"按钮,选择如图 5-1-15 所示的图素(为了方便选取图素,单击 ▢⁃ 右边的下三角按钮,单击 ▦ (串连),按 Enter 键,弹出菜单,单击"复制",在 ΔZ 输入所要平移的值"-3",其他不变,单击"确定"按钮。如果对颜色感觉不适,可以在空白处单击鼠标右键,单击"清除颜色",所有图素都变为绿色。

(2)绘制两条水平线:在 2D 模式下,深度 Z 值为"-12",单击绘图工具栏绘制任意线,单击"水平键",在绘图区域的适当位置绘制一条直线,键入距离值"15",按 Enter 键,单击绘图工具栏绘制任意线,单击"垂直键",在绘图区域的适当位置绘制一条直线,键入距离值"26",按 Enter 键,单击"应用",其他同理,单击"确定"按钮,如图 5-1-16 所示。

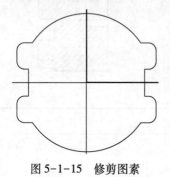

图 5-1-15 修剪图素

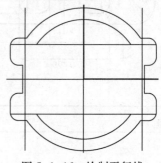

图 5-1-16 绘制平行线

（3）绘制直径 52mm 的圆并修剪：在绘图工具栏单击"圆心+点"按钮，绘制圆心（0，0），直径 52mm 的圆，在"编辑圆心点"操作栏单击"直径"按钮，在其文本框输入"52"，按 Enter 键，单击"确定"按钮，单击"修剪/打断/延伸"按钮，单击"分/删除"按钮，单击绘图区域不要的部分，单击"确定"按钮，如图 5-1-17 所示（注意图素，不要修剪错了）。

3）绘制三个深 30mm、直径 6mm 的圆

（1）绘制圆和直线找交点：在 2D 模式下，深度 Z 值为"-30"，在绘图工具栏单击"圆心+点"按钮，绘制圆心（0，0），半径 21.5mm 的圆，在"编辑圆心点"操作栏单击"半径"按钮，在其文本框输入"21.5"，按 Enter 键，单击"确定"按钮，单击绘图工具栏绘制任意线，（0，0）为起点，角度输入"-45"，指定第 2 个端点，与 R21.5mm 的圆弧交点，其他同理，如图 5-1-18 所示。

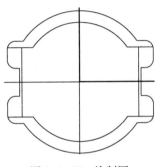

图 5-1-17　绘制圆

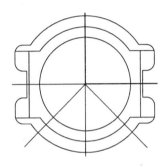

图 5-1-18　绘制圆

（2）绘制三个直径为 6mm 的圆进行修剪：在绘图工具栏单击"圆心+点"按钮，找直线与圆交点，在"编辑圆心点"操作栏单击"半径"按钮，在其文本框输入"6"，按 Enter 键，其他同理，单击"确定"按钮，如图 5-1-19 所示。

4）绘制深 9mm、直径 23mm 的圆

绘制圆：在 2D 模式下，深度 Z 值为"-9"，在绘图工具栏单击"圆心+点"按钮，绘制圆心（0，0），半径 21.5mm 的圆，在"编辑圆心点"操作栏单击"半径"按钮，在其文本框输入"12.5"，按 Enter 键，单击"确定"按钮，如图 5-1-20 所示。

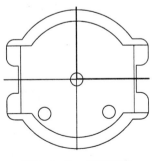

图 5-1-19　修剪图素

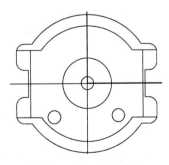

图 5-1-20　绘制小圆

5）绘制深 12mm、直径 23mm 的外形

（1）绘制圆与直线：在 2D 模式下，深度 Z 值为"-12"，在绘图工具栏单击"圆心+点"

按钮,绘制圆心(0,0),直径23mm的圆,在"编辑圆心点"操作栏单击"半径"按钮,在其文本框输入"12.5",按 Enter 键,单击"确定"按钮,单击绘图工具栏绘制任意线,单击"水平键",在绘图区域的适当位置绘制一条直线,键入距离值"17",按 Enter 键,单击"应用",其他同理,单击"确定"按钮,如图 5-1-21 所示。

(2)修剪并倒圆:单击"修剪/打断/延伸"按钮,单击"分/删除"按钮,单击绘图区域不要的部分,单击"确定"按钮。单击"倒圆角"按钮,单击"修剪"按钮,键入半径值"0.5",单击需要倒角的图素,单击"应用"按钮,单击"确定"按钮,如图 5-1-22 所示。

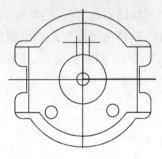 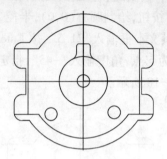

图 5-1-21　绘制外轮廓　　　　　　　　　图 5-1-22　修剪图素

6)绘制 73mm×73mm 的外形

绘制矩形、倒圆:在 2D 模式下,深度 Z 值输入"-20",按 Enter 键,单击"矩形"按钮,设置基准点为中心点,键入宽度和高度的数值分别为"73、73",单击"确定"按钮,倒圆,如图 5-1-23 所示。

7)建立实体

(1)挤出实体:建立新的层别,在 层别 2 ▼ 中输入"2",按 Enter 键。在工具栏上单击"挤出实体"按钮,弹出对话框,单击"串连",选取挤出的两串连图素,单击"确定"按钮,弹出"挤出实体的设置"对话框,单击"创建主体",在"按指定的距离延伸距离"填"9",看拉伸的方向是否正确,如相反把"更改方向"勾选上,单击"确定"按钮,如图 5-1-24 所示。

(2)倒圆角:单击"实体倒圆角"按钮,注意 ,只选择"边界"按钮,选取需倒圆角的图素即所画的直径23mm 的外形,按 Enter 键,弹出倒圆角对话框,其他不变,只填入半径值为"4",单击"确定"按钮,如图 5-1-25 所示。

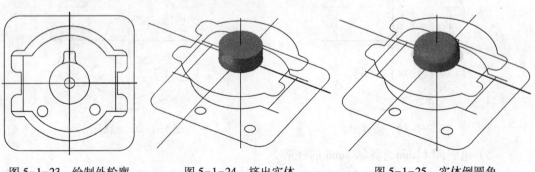

图 5-1-23　绘制外轮廓　　　　　　图 5-1-24　挤出实体　　　　　　图 5-1-25　实体倒圆角

124

5. 绘制基座背面

1）新建图层 3

2）绘制深 7mm、71mm×71mm 的外形

（1）绘制水平线、垂直线进行旋转：在 2D 模式下，深度 Z 值输入"-7"，按 Enter 键，单击绘图工具栏绘制任意线，单击"水平键"，在绘图区域的适当位置绘制一条直线，键入距离值"0"，按 Enter 键，单击"应用"，单击"垂直线"，在绘图区域的适当位置绘制一条直线，键入距离值"0"，按 Enter 键，其他同理，单击"确定"按钮，单击"旋转"按钮，选取去旋转的图素即水平线和垂直线，按 Enter 键，弹出"旋转"对话框，单击"移动"，次数输入"1"，角度输入"45"，其他不变，单击"确定"按钮，如图 5-1-26 所示。

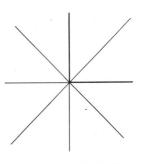

图 5-1-26　绘制直线

（2）绘制 56mm×56mm 的正方形并旋转：单击"矩形"按钮，单击设置基准点为中心点，键入宽度和高度的数值分别为"56、56"，单击"确定"按钮，旋转具体方法见上（为了方便选取图素，单击 ▨ ▾ 的下三角按钮，单击"串连"），如图 5-1-27 所示。

（3）将两条直线进行单向补正：单击 ⏌ ▾ 的下三角按钮，选择 ⊩ 单体补正，弹出"补正"对话框，单击复制，选择要单体补正的图素即直线，补正方向单击直线的左边空白处，补正值为"8"，其他不变，单击"应用"按钮，补正其他的直线同理，单击"确定"按钮，如图 5-1-28 所示。

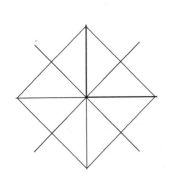

图 5-1-27　绘制正方形

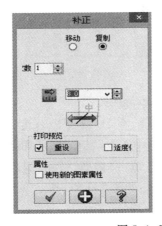

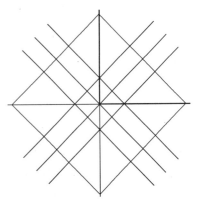

图 5-1-28　直线单向补正

（4）绘制 71mm×71mm 正方形并倒圆角：单击"矩形"按钮，单击设置基准点为中心点，键入高度和宽度的数值分别为"71、71"，单击"确定"按钮，单击"倒圆角"按钮，单击"修剪"按钮，键入半径值"7"，单击需要倒角的图素，单击"应用"，单击"确定"按钮，如图 5-1-29所示。

（5）修剪：单击"修剪/打断/延伸按钮"，单击"分/删除"按钮，单击绘图区域不要的部分，单击"确定"按钮，如图 5-1-30 所示。

3）绘制深 10mm 的椭圆

在 2D 模式下，深度 Z 值输入"−10"，按 Enter 键，单击 ▦ ▼ 右边的下三角按钮，选择 ⬭ 画椭圆，弹出"椭圆选项"对话框，短半径为"9"，长半径为"12.5"，单击(0,0)点，单击"确定"按钮，如图 5-1-31 所示。

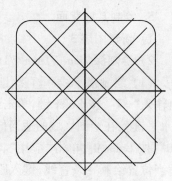

图 5-1-29 绘制外轮廓

4）绘制深 7mm、35mm×35mm 矩形

绘制 35mm×35mm 矩形并旋转：在 2D 模式下，深度 Z 值输入"−7"，按 Enter 键，单击"矩形"按钮，单击"设置基准点为中心点"，键入宽度和高度的数值分别为"35、35"，单击"确定"按钮，单击"旋转"按钮，选取去旋转的图素即水平线和垂直线，按 Enter 键，弹出"旋转"对话框，单击"移动"，次数输入"1"，角度输入"45"，其他不变，单击"确定"按钮，如图 5-1-32 所示。

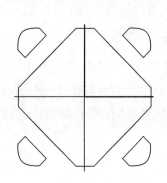

图 5-1-30 修剪图素

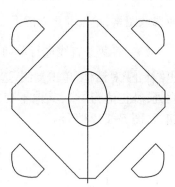

图 5-1-31 绘制椭圆

5）绘制深 28mm、73mm×73mm 的矩形

绘制 73mm×73mm 的矩形并倒圆：在 2D 模式下，深度 Z 值输入"−7"，按 Enter 键，单击"矩形"按钮，单击"设置基准点为中心点"，键入宽度和高度的数值分别为"73、73"，单击"确定"按钮，单击"倒圆角"按钮，单击"修剪"按钮，键入半径值"8"，单击需要倒角的图素，单击"应用"，单击"确定"按钮，如图 5-1-33 所示。

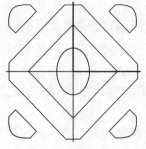

图 5-1-32 绘制矩形

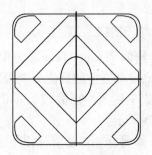

图 5-1-33 绘制矩形

6）建立实体

（1）挤出实体：新建图层4，在工具栏上单击"挤出实体"按钮，弹出对话框，单击"串连"，选取挤出的串连图素即56mm×56mm的矩形，单击"确定"按钮，弹出"挤出实体的设置"对话框，单击"创建主体"，在"按指定的距离延伸距离"填"7"，看拉伸的方向是否正确，如相反把"更改方向"勾选上，单击"确定"按钮，如图5-1-34所示。

（2）切割实体：在工具栏上单击"挤出实体"按钮，弹出对话框，单击"串连"，选取挤出的串连图素即35mm×35mm的矩形，单击"确定"按钮，弹出"挤出实体的设置"对话框，单击"创建主体"，在"按指定的距离延伸距离"填"7"，看拉伸的方向是否正确，如相反则把"更改方向"勾选上，单击"确定"按钮，如图5-1-35所示。

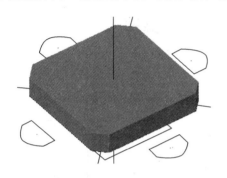

图5-1-34　挤出实体

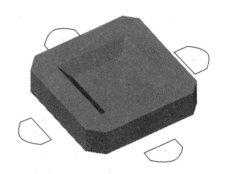

图5-1-35　切割实体

6. 绘制基座侧面

1）新建图层5，将其他图层隐藏

2）以(0,0)点为中心，绘制73mm×28mm的矩形

3）绘制深10.5mm的30mm×12mm的矩形

绘制30mm×12mm的矩形并倒圆：在2D模式下，深度Z值输入"-10.5"，按Enter键，单击"矩形"按钮，(0,4)设置为中心点，X、Y分别输入"0"、"4"，键入宽度和高度的数值分别为"30、12"，单击"确定"按钮，单击"倒圆角"按钮，单击"修剪"按钮，键入半径值4，单击需要倒角的图素，单击"应用"，单击"确定"按钮，如图5-1-36所示。

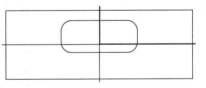

图5-1-36　绘制矩形

5.1.4　转动体建模

1. 新建一个图形文件

在工具栏中单击"新建"按钮，或者从菜单栏中选择"文件"→"新建文件"命令，从而新建一个Mastercam X7文件。

2. 相关属性状态设置

默认的绘图面为俯视图，构图深度Z值为0，图层为1。绘图尺寸如图5-1-37所示。

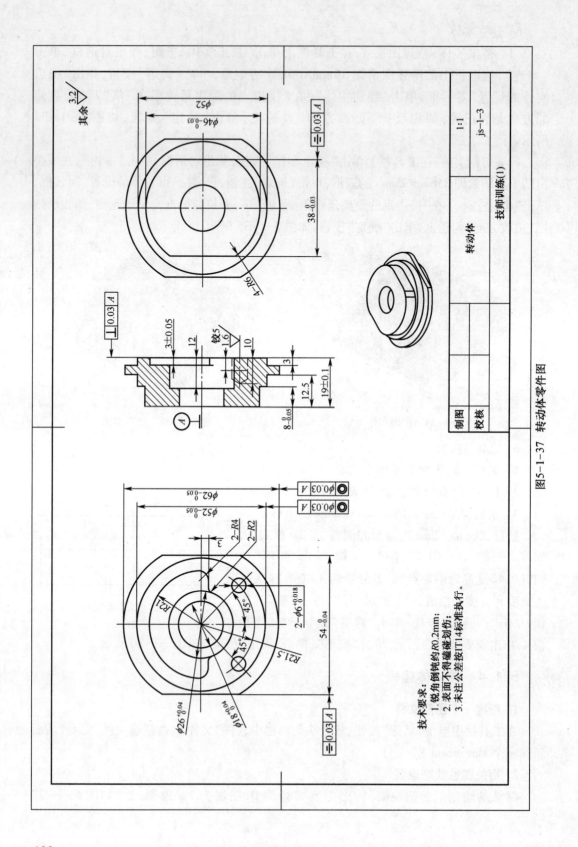

图5-1-37 转动体零件图

3. 按 F9 建立坐标轴

4. 绘制转动体正面

1）2D 模式下,确定深度 Z 值为-3,绘制半径 21mm 的圆外形

（1）分别绘制半径为 21mm 的圆、直径 26mm 的圆,如图 5-1-38 所示。

（2）绘制水平线、倒圆角并修剪,如图 5-1-39 所示。

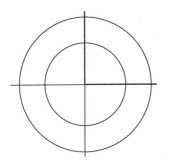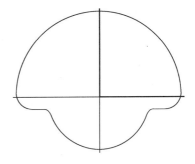

图 5-1-38　绘制圆　　　　　　　　图 5-1-39　绘制水平线、倒圆角并修剪图素

2）2D 模式下,确定深度 Z 值为-10mm,绘制两个直径 6mm 的圆

（1）绘制半径 21.5mm 的圆并绘制两条 45°斜线与圆相交,如图 5-1-40 所示。

（2）绘制两个直径 6mm 的圆并进行修剪,如图 5-1-41 所示。

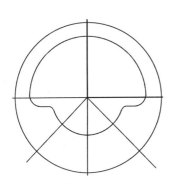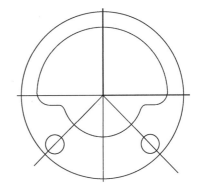

图 5-1-40　绘制直线　　　　　　　　图 5-1-41　绘制小圆并修剪

3）在 2D 模式下,分别确定深度 Z 值为-3mm、-6.5mm、-12mm、-19mm,绘制四个直径为 52mm、62mm、26mm、18mm 的圆,并进行修剪。

修剪结果如图 5-1-42 所示。

5. 绘制转动体反面

（1）新建图层 2,将图层 1 隐藏。

（2）2D 模式下,确定深度 Z 值为"-19",绘制直径 18mm 的圆。

（3）2D 模式下,确定深度 Z 值为"-8",绘制直径 46mm 的圆,绘制两条垂直线并修剪。

（4）2D 模式下,确定深度 Z 值为"-12.5",绘制直径 52mm 的圆。

（5）2D 模式下,确定深度 Z 值为"-16",绘制直径 62mm 的圆,绘制两条垂直线并修剪。整体效果图如图 5-1-43 所示。

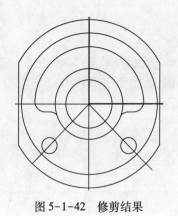

图 5-1-42　修剪结果　　　　　　　　图 5-1-43　绘制转动体反面整体效果

5.2　复杂配合件加工工艺分析

5.2.1　图纸分析

图 5-1-3 所示手柄,该零件由 $73_{-0.05}^{0}$ mm×$73_{-0.05}^{0}$ mm 圆角为 R8mm 的方,顶部有 R4mm 圆弧倒角面高 10mm±0.05mm 的花瓣凸台,尺寸 $46_{+0.01}^{+0.05}$ mm、$38_{+0.01}^{+0.05}$ mm 构成深 $8_{+0.1}^{+0.2}$ mm 的槽,中间有 $\phi23_{0}^{+0.1}$ mm 通孔组成。零件形状较简单,部分尺寸有配合要求,加工时应按较高精度加工,其他尺寸精度以图纸要求加工。

图 5-1-37 所示转动体,该零件由尺寸 $54_{-0.04}^{0}$ mm、$\phi62_{-0.05}^{0}$ mm 构成的外形,以尺寸 ϕ52mm 和 $\phi46_{-0.03}^{0}$ mm、$38_{-0.03}^{0}$ mm 构成的凸台,由 $\phi26_{0}^{+0.04}$ mm、$\phi18_{0}^{+0.04}$ mm 构成的阶梯孔,由两个 $\phi6_{0}^{+0.018}$ mm 的定位销孔等为主要特征组成。零件形状较简单,精度较高,大多尺寸有配合要求,加工时应按较高精度加工,有形位公差要求的尺寸,在一次工装下加工,即可保证精度,其他尺寸精度以图纸要求加工。

图 5-1-12 所示基座,该零件正面由 $73_{-0.05}^{0}$ mm×$73_{-0.05}^{0}$ mm 圆角为 R8mm 的方,由 $\phi62_{+0.10}^{+0.15}$ mm、$54_{+0.10}^{+0.15}$ mm、36mm±0.05mm 及 12mm±0.05mm 为主要尺寸、深 $9_{0}^{+0.05}$ mm 的槽,由 $\phi52_{+0.10}^{+0.15}$ mm 为主要尺寸、深 3mm 的槽,槽内有 $\phi23_{-0.05}^{0}$ mm、$6_{-0.05}^{0}$ mm 等尺寸构成的凸台,有两个 $\phi6_{0}^{+0.018}$ mm 定位销孔。反面有 4 个由 16mm±0.05mm 尺寸构成的高 $7_{0}^{+0.05}$ mm 的凸台,中间有(56±0.05)mm×(56±0.05)mm 的方台,方台中间有 35mm×35mm,角度为45°斜面槽,有 $25_{0}^{+0.06}$ mm×$18_{0}^{+0.06}$ mm、深 $10_{0}^{+0.05}$ mm 的椭圆槽,侧面有(30±0.05)mm×(12±0.05)mm 的方槽。零件几何特征较多,有柱体、槽、岛屿、斜面和圆弧倒圆面等,零件个别尺寸有形位公差要求,需在装夹和工艺安排时,参与配合的型面,集中在正面,加工时应重点保证其加工精度。

5.2.2　加工过程

图纸分析完成后进行加工过程分析,加工过程中用到的工量夹具见表 5-2-1。

(1)毛坯选择:依据图纸,材料选择硬铝,基座毛坯尺寸 75mm×75mm×31mm 一件,转动体毛坯尺寸 ϕ65mm×21mm 一件,手柄毛坯尺寸 75mm×75mm×23mm 一件。

（2）结构分析:在复合套件的零件上存在外形、腔槽、曲面和孔等结构,各结构较为常见。复合套件需实现一定的转动功能,重点是装配精度,在加工时应重点考虑装夹、加工刚性、形位精度、切削用量等问题,防止加工变形而影响加工精度。

（3）加工工艺分析:经过以上分析,考虑到零件精度、装配精度要求,零件加工时总体安排顺序是:先加工转动体,然后加工手柄,最后加工基座。

基座零件先定位装夹加工外方、正面内轮廓及销孔,翻面二次定位装夹加工反面轮廓,三次、四次定位装夹加工侧面槽。

转动体零件先装夹加工装夹面,深6mm,重新定位装夹加工 $\phi52mm$ 和 $\phi46_{-0.03}^{0}mm$、$38_{-0.03}^{0}mm$ 构成的凸台及内孔,翻面定位装夹加工外轮廓、槽及定位销孔。

手柄零件先定位装夹加工外方、槽及孔,翻面定位装夹加工花瓣轮廓、圆弧倒角及倒角。

表 5-2-1　工量夹具清单

序号	类别	名　称	规　格	数量	备注
1	材料	LY12	75mm×75mm×30mm		
		LY12	$\phi65mm×25mm$		
2	刀具	高速钢立铣刀	$\phi12mm$、$\phi8mm$、$\phi6mm$	各1支	
		中心钻	$\phi3mm$		
		钻头	$\phi7.8mm$		
		高速钢球头刀	$\phi8$、$R4mm$		
3	夹具	精密平口虎钳	0mm、300mm	1套	
4	量具	游标卡尺	1mm、150mm	1把	
		千分尺	0mm~25mm、25mm~50mm、50mm~75mm	各1把	
		深度千分尺	0mm~25mm	1把	
		内测千分尺	5mm~30mm	1把	
5	工具	铣夹头		2个	
		钻夹头		1个	
		弹簧夹套	$\phi12mm$、$\phi8mm$、$\phi6mm$	各1个	与刀具配套
		平行垫铁		1副	装夹高度6mm
		锉刀	6寸	1把	
		油石		1支	

5.3　复杂配合件加工编程过程

5.3.1　手柄自动编程及加工——反面加工

步骤一、启动 Mastercam X7 打开文件

启动 Mastercam X7,选择"文件"→"打开"命令,弹出"打开"对话框,选择"手柄件.mcx"文件。

步骤二、选择加工系统

选择"机床类型"→"铣床"→"默认"命令,此时系统进入铣削加工模块。

步骤三、素材设置

双击"属性-Mill Default MM"标识,展开"属性"后的"操作管理器",选择"属性"选项下的"材料设置"命令,系统弹出"机器群组属性"对话框,选择"材料设置"选项卡,设置毛坯形状为"矩形",选中"显示"选项区域中的"线架加工"单选按钮,在显示窗口中以线框形式显示毛坯。

步骤四、外形轮廓加工

1. 启动等高外形加工

选择"刀具路径"→"等高外形"命令,弹出"串连选项"对话框,选择"2D"和"串连选项",选择图5-3-1所示的轮廓线。刀具、参数可参考前面例子中的选择与设置。

2. 启动标准挖槽加工

选择"刀具路径"→"标准挖槽"命令,弹出"串连选项"对话框,选择"2D"和"串连选项",选择图5-3-2所示的轮廓线。刀具、参数可参考前面例子中的选择与设置。

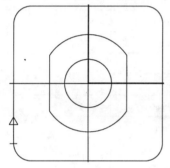

图5-3-1　选择串连轮廓线(一)

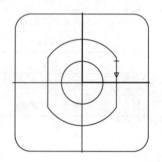

图5-3-2　选择串连轮廓线(二)

3. 生成刀具路径并验证

完成加工参数设置后,产生加工刀具路径,模拟结果如图5-3-3所示,结束模拟操作。关闭加工刀具路径的显示,手柄的反面加工完毕。

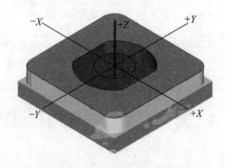

图5-3-3　手柄一面实体验证效果

由于手柄零件的反面较为简单,故不对其做详细说明。选择加工系统、素材设置(73,73,20)、平面铣削加工以及外轮廓的加工方式与前面例子中的操作是一致即可。

5.3.2　手柄自动编程及加工——正面加工

步骤一、新建刀具路径群组

在桌面左侧的操作管理处,右击,"群组"→"新建刀具路径群组"命令,新建一个刀具路径群组,便于操作。

步骤二、平面铣削加工

将反面加工中的铣平面这一加工步骤复制,并且粘贴到正面加工的刀具路径群组中,即可完成平面铣削加工。

步骤三、标准挖槽加工

1. 启动挖槽加工

选择"刀具路径"→"挖槽加工"命令,弹出"串连选项"对话框,选择"2D"和"串连选项",选择图5-3-4所示的两条轮廓线。刀具、参数可参考前面例子中的选择与设置。

2. 单击"串连选项"对话框中的"确定"按钮,弹出"2D 刀具路径-等高外形"对话框

（1）设置加工刀具。在"2D 刀具路径-等高外形"对话框左侧的"参数类别列表"中选择"刀具"选

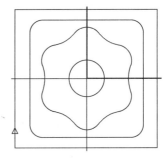

图5-3-4　选择串连轮廓线(三)

项,出现"刀具设置"对话框,仍选择刀具直径为12mm 的平底刀,"进给率"设为"200"(铣削内轮廓是需将进给率设置小点,外轮廓时一般设置为"300"。具体设置视实际加工情况而定),其余参数视实际加工设置。

（2）设置切削参数。在左侧的"参数类别列表"中选择"切削参数"选项,弹出"切削参数"对话框,"预留量"均设置为0.3,其他参数默认。"粗加工参数"的切削方式设置为"平行环切",间距设为"7",其余参数默认。

（3）设置共同参数。在左侧的"参数类别列表"中选中"共同参数"节点,"深度"设置为"-10"(在"深度切削"中刀具每刀切深为"5",所以分两层切削即可),其余参数与前面例子中的设置一致即可。

（4）进/退刀设置。在左侧的"参数类别列表"中选择"进/退刀设置"选项,弹出"进/退刀参数"对话框。设置"进刀"中的切入圆弧半径进刀为"2",退刀为"2",其余参数默认。注意,不勾选"在封闭轮廓的中点位置执行进/退刀"选项。

（5）生成刀具路径并验证。完成加工参数设置后,产生加工刀具路径,模拟结果如图5-3-5所示。结束模拟操作,关闭加工刀具路径的显示,为后续加工操作做好准备。

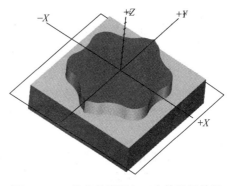

图5-3-5　梅花轮廓粗加工实体验证效果

去除余量主要用到的就是标准挖槽功能,先执行一次标准挖槽,再用等高外形进行半精加工和精加工。

步骤四、外形轮廓加工

1. 启动等高外形加工

（1）选择"刀具路径"→"等高外形"命令，弹出"串连选项"对话框，选择"2D"和"串连选项"，选择图 5-3-1 所示的梅花形轮廓线，箭头方向与图中所示一致即可。

（2）单击"串连选项"对话框中的"确定"按钮，弹出"2D 刀具路径-等高外形"对话框。

2. 设置加工刀具

在"2D 刀具路径-等高外形"对话框左侧的"参数类别列表"中选择"刀具"选项，出现"刀具设置"对话框，仍选择刀具直径为 12mm 的平底刀，刀具参数不变。

3. 设置切削参数

在左侧的"参数类别列表"中选择"切削参数"选项，弹出"切削参数"对话框，"预留量"均设置为"0"即可（精加工时视图纸要求的公差实际情况而做计算得到）。

4. 设置外形铣削高度参数

在左侧的"参数类别列表"中选中"共同参数"节点，"深度"设置为"-10"，其余参数与前面例子中的设置一致即可。

5. 进/退刀设置

在左侧的"参数类别列表"中选择"进/退刀设置"选项，弹出"进/退刀参数"对话框。设置"进刀"中的切入圆弧进刀为"2"，退刀为"2"，其余参数默认。注意，不勾选"在封闭轮廓的中点位置执行进/退刀"选项。

6. 深度切削参数

在左侧的"参数类别列表"中选择"深度切削参数"选项，弹出"深度切削参数"对话框。设置参数与前面例子中的设置一致即可（铣削外轮廓时由于余量较少，深度的最大切削量可适当增加，视实际的情况及加工经验而定）。

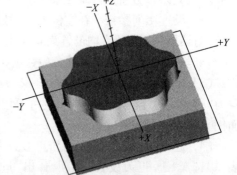

7. 生成刀具路径并验证

完成加工参数设置后，产生加工刀具路径，模拟结果，如图 5-3-6 所示。单击"验证"对话框中的"确定"按钮，结束模拟操作。关闭加工刀具路径的显示，为后续加工操作做好准备。

图 5-3-6　梅轮轮廓精加工实体验证效果

步骤五、外形轮廓加工

1. 启动等高外形加工

（1）选择"刀具路径"→"等高外形"命令，弹出"串连选项"对话框，选择"2D"和"串连选项"，选择图 5-3-7 所示的轮廓线。

（2）单击"串连选项"对话框中的"确定"按钮，弹出"2D 刀具路径-等高外形"对话框。

2. 设置加工刀具

在"2D 刀具路径-等高外形"对话框左侧的"参数类别列表"中选择"刀具"选项，出现"刀具设置"对话框，仍选择刀具直径为 12mm 的平底刀，刀具参数不变。

3. 设置切削参数

在左侧的"参数类别列表"中选择"切削参数"选项，弹出"切削参数"对话框，"预留量"均设置为"0"即可(精加工时视图纸要求的公差实际情况而做计算得到)。

4. 设置外形铣削高度参数

在左侧的"参数类别列表"中选中"共同参数"节点,"深度"设置为大于18即可,其余参数与前面例子中的设置一致即可。

5. 进/退刀设置

在左侧的"参数类别列表"中选择"进/退刀设置"选项,弹出"进/退刀参数"对话框。设置"进刀"中的切入圆弧进刀为"0.2",退刀为"0.2",其余参数默认。注意,不勾选"在封闭轮廓的中点位置执行进/退刀"选项。

6. 深度切削参数

在左侧的"参数类别列表"中选择"深度切削参数"选项,弹出"深度切削参数"对话框。设置参数与前面例子中的设置一致即可(铣削外轮廓时由于余量较少,深度的最大切削量可适当增加,一般每刀切削深度设置为"5"或"6",分层切削。具体设置视实际的情况及加工经验而定)。

7. 生成刀具路径并验证

完成加工参数设置后,产生加工刀具路径,模拟结果如图5-3-8所示。单击"验证"对话框中的"确定"按钮,结束模拟操作。关闭加工刀具路径的显示,为后续加工操作做好准备。

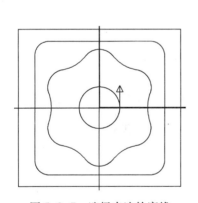

图5-3-7　选择串连轮廓线

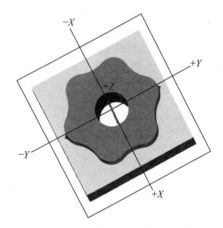

图5-3-8　圆孔加工实体验证效果

步骤六、曲面流线加工

1. 启动曲面流线加工

将绘有倒斜角和倒圆角的曲面图层打开,选择"刀具路径"→"曲面精加工"→"精加工流线加工"命令,选择"实体的面"为倒斜角面,如图5-3-9所示。创建一把直径为8mm的球头刀,参数设置与前例中8mm球头刀参数一致。其余选项参数设置均与前面例子中应用到的环绕等距参数设置一致,且"最大切削间距"设为"0.2"。

2. 生成刀具路径并验证

完成加工参数设置后,产生加工刀具路径,模拟结果如图5-3-10所示,结束模拟操作。关闭加工刀具路径的显示,零件一的正面加工完毕。

135

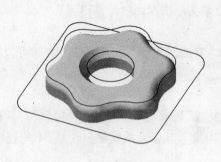

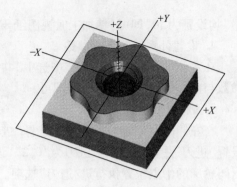

图 5-3-9　选择"实体面"　　　　　　　　图 5-3-10　倒角加工实体验证效果

5.3.3　转动体自动编程及加工

步骤一、新建刀具路径群组

（1）启动 Mastercam X7，选择"文件"→"打开"命令，弹出"打开"对话框，选择"转动体"文件。

（2）分别依次打开正反面的图层，并依照顺序对转动体进行加工。

（3）由于零件毛坯为圆柱体，所以必须在生成刀具路径前进行素材设置，否则模拟验证时将不显示圆柱体毛坯。素材设置如图 5-3-11 所示。

步骤二、新建刀具路径群组

（1）首先根据绘制的二维线框进行轮廓加工，出于转动体的正反面均为较简单的轮廓线，故不对其做详细说明。

（2）根据二维线框选择外形铣削和钻孔加工，并根据图纸要求进行铰孔加工。

（3）刀具轨迹生产完成后进行模拟切削，模拟切削效果如图 5-3-12 所示。

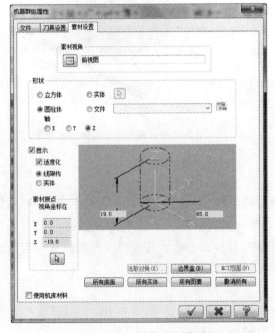

图 5-3-11　圆柱毛坯设置

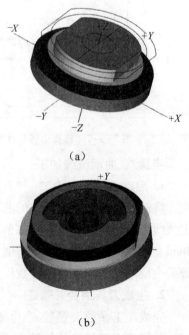

（a）

（b）

图 5-3-12　转动体实体验证效果图

136

5.3.4　基座自动编程及加工——正面加工

步骤一、外形轮廓加工

1. 启动等高外形加工

（1）选择"刀具路径"→"等高外形"命令，弹出"串连选项"对话框，选择"2D"和"串连选项"，选择图 5-3-13 所示的轮廓线。

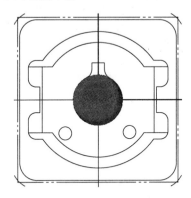

图 5-3-13　选择串连轮廓线

（2）单击"串连选项"对话框中的"确定"按钮，弹出"2D 刀具路径-等高外形"对话框。

2. 设置加工刀具

在"2D 刀具路径-等高外形"对话框左侧的"参数类别列表"中选择"刀具"选项，出现"刀具设置"对话框，创建刀具直径为 8mm 的平底刀，刀具参数不变。

3. 设置切削参数

在左侧的"参数类别列表"中选择"切削参数"选项，弹出"切削参数"对话框，"预留量"均设置为 0 即可（精加工时视图纸要求的公差实际情况而做计算得到）。

4. 设置外形铣削高度参数

在左侧的"参数类别列表"中选中"共同参数"节点，"深度"设置为"-9"即可，其余参数与前面例子中的设置一致即可。

5. 进/退刀设置

在左侧的"参数类别列表"中选择"进/退刀设置"选项，弹出"进/退刀参数"对话框。设置"进刀"中的切入圆弧进刀为"4"，退刀为"4"，其余参数默认。注意，不勾选"在封闭轮廓的中点位置执行进/退刀"选项。

6. 深度切削参数

在左侧的"参数类别列表"中选择"深度切削参数"选项，弹出"深度切削参数"对话框。设置参数与前面例子中的设置一致即可（铣削外轮廓时由于余量较少，深度的最大切削量可适当增加，一般每刀切深设置为"4"，分 2 层切削。具体设置视实际的情况及加工经验而定）。

7. 生成刀具路径并验证

完成加工参数设置后，产生加工刀具路径，模拟结果，如图 5-3-14 所示。单击"验证"对话框中的"确定"按钮,结束模拟操作。关闭加工刀具路径的显示,为后续加工操作做好准备。

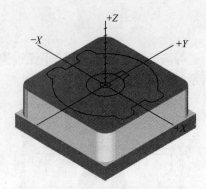

图 5-3-14　圆角矩形实体验证效果

步骤二、凹形腔加工

1. 启动标准挖槽加工

(1)选择"刀具路径"→"标准挖槽"命令,弹出"串连选项"对话框,选择"2D"和"串连选项",选择图 5-3-15 所示的轮廓线。

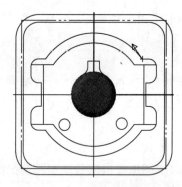

图 5-3-15　选择串连轮廓线

(2)单击"串连选项"对话框中的"确定"按钮,弹出"2D 刀具路径-标准挖槽"对话框。

2. 设置加工刀具

在"2D 刀具路径-标准挖槽"对话框左侧的"参数类别列表"中选择"刀具"选项,出现"刀具设置"对话框,创建刀具直径为 8mm 的平底刀,刀具参数不变。

3. 设置切削参数

在左侧的"参数类别列表"中选择"切削参数"选项,弹出"切削参数"对话框,"预留量"均设置为 0 即可(精加工时视图纸要求的公差实际情况而做计算得到)。

4. 设置标准挖槽高度参数

在左侧的"参数类别列表"中选中"共同参数"节点,"深度"设置为"-9"即可,其余参数与前面例子中的设置一致即可。

5. 进/退刀设置

在左侧的"参数类别列表"中选择"进/退刀设置"选项,弹出"进/退刀参数"对话框。

设置"进刀"中的切入圆弧进刀为"3",退刀为"3",其余参数默认。注意,不勾选"在封闭轮廓的中点位置执行进/退刀"选项。

6. 深度切削参数

在左侧的"参数类别列表"中,不勾选"深度切削参数"选项,由于余量较少,一刀即可到位,可精修一次。分2层切削。具体设置视实际的情况及加工经验而定。

7. 生成刀具路径并验证

完成加工参数设置后,产生加工刀具路径,模拟结果如图5-3-16所示。单击"验证"对话框中的"确定"按钮,结束模拟操作。关闭加工刀具路径的显示,为后续加工操作做好准备。

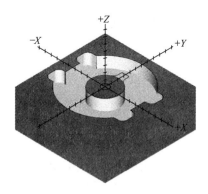

图5-3-16　基座凹腔加工实体验证效果

步骤三、凹型腔加工

1. 启动标准挖槽加工

(1)选择"刀具路径"→"标准挖槽"命令,弹出"串连选项"对话框,选择"2D"和"串连选项",选择图5-3-17所示的轮廓线。

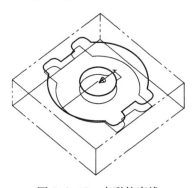

图5-3-17　串联轮廓线

(2)单击"串连选项"对话框中的"确定"按钮,弹出"2D刀具路径-等高外形"对话框。

2. 设置加工刀具

在"2D刀具路径-等高外形"对话框左侧的"参数类别列表"中选择"刀具"选项,出现"刀具设置"对话框,创建刀具直径为8mm的平底刀,刀具参数不变。

3. 设置切削参数

在左侧的"参数类别列表"中选择"切削参数"选项,弹出"切削参数"对话框,"预留量"均设置为 0 即可(精加工时视图纸要求的公差实际情况而做计算得到)。

4. 设置外形铣削高度参数

在左侧的"参数类别列表"中选中"共同参数"节点,"深度"设置为"-12"即可,其余参数与前面例子中的设置一致即可。

5. 进/退刀设置

在左侧的"参数类别列表"中选择"进/退刀设置"选项,弹出"进/退刀参数"对话框。设置"进刀"中的切入圆弧进刀为"0.2",退刀为"0.2",其余参数默认。注意,不勾选"在封闭轮廓的中点位置执行进/退刀"选项。

6. 深度切削参数

在左侧的"参数类别列表"中选择"深度切削参数"选项,弹出"深度切削参数"对话框。设置参数与前面例子中的设置一致即可(铣削外轮廓时由于余量较少,深度的最大切削量可适当增加,一般每刀切深设置为"4",分 2 层切削。具体设置视实际的情况及加工经验而定)。

7. 生成刀具路径并验证

完成加工参数设置后,产生加工刀具路径,模拟结果如图 5-3-18 所示。单击"验证"对话框中的"确定"按钮,结束模拟操作。关闭加工刀具路径的显示,为后续加工操作做好准备。

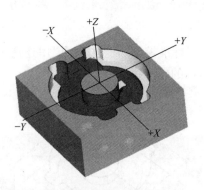

图 5-3-18　基座圆台实体验证效果

步骤四、曲面流线加工

1. 启动环绕等距加工

将绘有倒斜角和倒圆角的曲面图层打开,选择"刀具路径"→"曲面精加工"→"曲面流线"命令,选择"实体的面"为倒斜角面,如图 5-3-19 所示。创建一把直径为 8mm 的球头刀,参数设置与前例中直径 8mm 的球头刀参数一致。其余选项参数设置均与前面例子中应用到的环绕等距参数设置一致,且最大切削间距设为"0.2"。

2. 生成刀具路径并验证

完成加工参数设置后,产生加工刀具路径,模拟结果如图 5-3-20 所示,结束模拟操作。关闭加工刀具路径的显示,为后续加工操作做好准备。

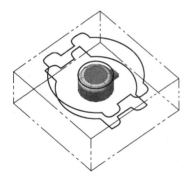

图 5-3-19　选择实体的面

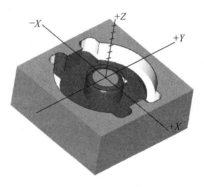

图 5-3-20　圆角加工实体验证效果

步骤五、钻孔、铰孔

打开"钻孔、铰孔"指令,选取图中需要钻孔、铰孔的位置点,刀具选取、参数设置可参照前面例子中的钻孔、铰孔设置即可。此处不做详细讲解。最终实体验证效果如图 5-3-21所示。

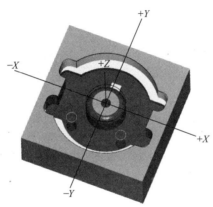

图 5-3-21　钻孔实体验证效果

5.3.5　基座自动编程及加工——反面加工

步骤一、新建刀具路径群组

打开绘制着基座反面二维图的图层,设为当前图层。并在操作管理处新建一组刀具路径群组,重命名。铣削平面不做详细讲解。

步骤二、标准挖槽加工

1. 启动挖槽加工

(1) 选择"刀具路径"→"标准挖槽"命令,弹出"串连选项"对话框,选择"2D"和"串连选项",选择图 5-3-22 所示的两条轮廓线。刀具、参数可参考前面例子中的选择与设置。

(2) 单击"串连选项"对话框中的"确定"按钮,弹出"2D 刀具路径-等高外形"对话框。

2. 设置加工刀具

在"2D 刀具路径-等高外形"对话框左侧的"参数类别列表"中选择"刀具"选项,出

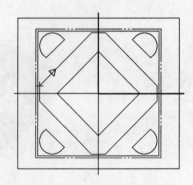

图 5-3-22　选择串连轮廓线(一)

现"刀具设置"对话框,创建刀具直径为 8mm 的平底刀,参数设置参考前面例子。

3. 设置切削参数

在左侧的"参数类别列表"中选择"切削参数"选项,弹出"切削参数"对话框。"预留量"均设置为 0.1,其他参数默认。"粗加工参数"的切削方式设置为"平行环切",间距设为"4",其余参数默认。

4. 设置共同参数

在左侧的"参数类别列表"中选中"共同参数"节点,"深度"设置为"-7"(在"深度切削"中刀具每刀切深为"4",所以分两层切削即可),其余参数与前面例子中的设置一致即可。

5. 进/退刀设置

在左侧的"参数类别列表"中选择"进/退刀设置"选项,弹出"进/退刀参数"对话框。设置"进刀"中的切入圆弧半径进刀为"3",退刀为"3",其余参数默认。注意,不勾选"在封闭轮廓的中点位置执行进/退刀"选项。

步骤三、外形轮廓加工

1. 启动等高外形加工

(1)选择"刀具路径"→"等高外形"命令,弹出"串连选项"对话框,选择"2D"和"串连选项",选择图 5-3-23 所示的轮廓线。

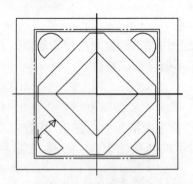

图 5-3-23　选择串连轮廓线(二)

(2)单击"串连选项"对话框中的"确定"按钮,弹出"2D 刀具路径-等高外形"对话框。

2. 设置加工刀具

在"2D 刀具路径-等高外形"对话框左侧的"参数类别列表"中选择"刀具"选项,出现"刀具设置"对话框,创建刀具直径为 8mm 的平底刀,刀具参数不变。

3. 设置切削参数

在左侧的"参数类别列表"中选择"切削参数"选项,弹出"切削参数"对话框,"预留量"均设置为"0"即可(精加工时视图纸要求的公差实际情况而做计算得到)。

4. 设置外形铣削高度参数

在左侧的"参数类别列表"中选中"共同参数"节点,"深度"设置为"-7"即可,其余参数与前面例子中的设置一致即可。

5. 进/退刀设置

在左侧的"参数类别列表"中选择"进/退刀设置"选项,弹出"进/退刀参数"对话框。设置"进刀"中的切入圆弧进刀为"0.2",退刀为"0.2",其余参数默认。注意,不勾选"在封闭轮廓的中点位置执行进/退刀"选项。

6. 深度切削参数

在左侧的"参数类别列表"中选择"深度切削参数"选项,弹出"深度切削参数"对话框。设置参数与前面例子中的设置一致即可(铣削外轮廓时由于余量较少,深度的最大切削量可适当增加,一般每刀切削深度设置为"4"。具体设置视实际的情况及加工经验而定)。实体验证效果与第 2、3、4 步骤一起验证。

步骤四、外形轮廓加工

1. 启动等高外形加工

(1)选择"刀具路径"→"等高外形"命令,弹出"串连选项"对话框,选择"2D"和"串连选项",选择如图 5-3-24 所示的轮廓线。

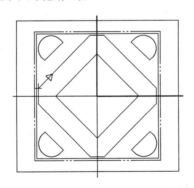

图 5-3-24 选择串连轮廓线(三)

(2)单击"串连选项"对话框中的"确定"按钮,弹出"2D 刀具路径-等高外形"对话框。

2. 设置加工刀具

在"2D 刀具路径-等高外形"对话框左侧的"参数类别列表"中选择"刀具"选项,出现"刀具设置"对话框,创建刀具直径为 8mm 的平底刀,刀具参数不变。

3. 设置切削参数

在左侧的"参数类别列表"中选择"切削参数"选项,弹出"切削参数"对话框,"预留量"均设置为"0"即可(精加工时视图纸要求的公差实际情况而做计算得到)。

4. 设置外形铣削高度参数

在左侧的"参数类别列表"中选中"共同参数"节点,"深度"设置为"-7"即可,其余参数与前面例子中的设置一致即可。

5. 进/退刀设置

在左侧的"参数类别列表"中选择"进/退刀设置"选项,弹出"进/退刀参数"对话框。设置"进刀"中的切入圆弧进刀为"0.2",退刀为"0.2",其余参数默认。注意,不勾选"在封闭轮廓的中点位置执行进/退刀"选项。

6. 深度切削参数

在左侧的"参数类别列表"中选择"深度切削设置"选项,弹出"深度切削参数"对话框。设置参数与前面例子中的设置一致即可(铣削外轮廓时由于余量较少,深度的最大切削量可适当增加,一般每刀切削深度设置为4mm。具体设置视实际的情况及加工经验而定)。

7. 生成刀具路径并验证

完成加工参数设置后,产生加工刀具路径,与第2步一起模拟的结果,如图5-3-25所示。单击"验证"对话框中的"确定"按钮,结束模拟操作。关闭加工刀具路径的显示,为后续加工操作做好准备。

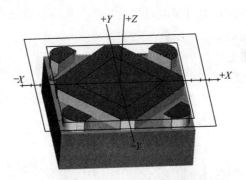

图 5-3-25　基座二面实体验证效果

步骤五、凹型腔加工

1. 启动凹型腔加工

(1)选择"刀具路径"→"标准挖槽"命令,弹出"串连选项"对话框,选择"2D"和"串连选项",选择图5-3-26所示的轮廓线。

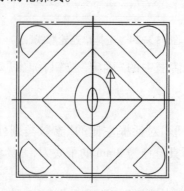

图 5-3-26　选择串连轮廓线(四)

144

（2）单击"串连选项"对话框中的"确定"按钮,弹出"2D 刀具路径-标准挖槽"对话框。

2. 设置加工刀具

在"2D 刀具路径-等高外形"对话框左侧的"参数类别列表"中选择"刀具"选项,出现"刀具设置"对话框,创建刀具直径为 8mm 的平底刀,刀具参数不变。

3. 设置切削参数

在左侧的"参数类别列表"中选择"切削参数"选项,弹出"切削参数"对话框,"预留量"均设置为"0"即可(精加工时视图纸要求的公差实际情况而做计算得到)。

4. 设置外形铣削高度参数

在左侧的"参数类别列表"中选中"共同参数"节点,"深度"设置为"-10"即可,其余参数与前面例子中的设置一致即可。

5. 进/退刀设置

在左侧的"参数类别列表"中选择"进/退刀设置"选项,弹出"进/退刀参数"对话框。设置"进刀"中的切入圆弧进刀为"0.2",退刀为"0.2",其余参数默认。注意,不勾选"在封闭轮廓的中点位置执行进/退刀"选项。

6. 深度切削参数

在左侧的"参数类别列表"中选择"深度切削参数"选项,弹出"深度切削参数"对话框。设置参数与前面例子中的设置一致即可(铣削外轮廓时由于余量较少,深度的最大切削量可适当增加,一般每刀切削深度设置为 4mm。具体设置视实际的情况及加工经验而定)。

7. 生成刀具路径并验证

完成加工参数设置后,产生加工刀具路径,模拟结果如图 5-3-27 所示。单击"验证"对话框中的"确定"按钮,结束模拟操作。关闭加工刀具路径的显示,为后续加工操作做好准备。

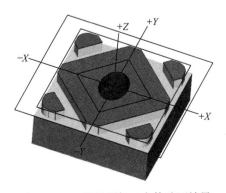

图 5-3-27　凹椭圆加工实体验证效果

步骤六、曲面等高外形加工

1. 启动等高外形加工

（1）选择"刀具路径"→"曲面精加工"→"等高外形"命令,弹出"选择加工曲面"提示框,选择倒斜角四个曲面,限制曲面为零件上表面和倒斜角的下表面,如图 5-3-28 所示。刀具仍选 8mm 的平底刀,其余参数设置可参考前面例子中的设置,"深度"限制为-5,"切削间距"为 0.1。

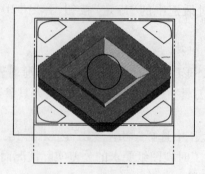

图 5-3-28　选择加工曲面

2. 生成刀具路径并验证

完成加工参数设置后,产生加工刀具路径,模拟结果如图 5-3-29 所示,结束模拟操作。关闭加工刀具路径的显示,基座的反面加工完毕。

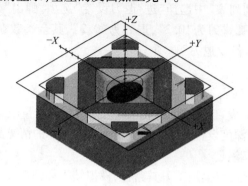

图 5-3-29　倒角加工实体验证效果

由于基座两个侧面的轮廓较为简单,且均是同一个轮廓轨迹,故此处不做详细讲解,操作步骤可参考前面的加工例子。

146

第6章
异形套件建模与加工

▶ **本章要点**

异形套件包含三个单体零件,因此在建模时应把三个单体零件进行分层处理。另外由于三个单体零件包含曲面图素且相互间具有配合关系,故在加工过程中应选择合理的加工策略和走刀轨迹,以保证曲面精度及套件的配合精度。本章应重点掌握异形套件的分层建模过程以及零件的加工工艺。

▶ 零件图分析

6.1 异形套件建模

图6-1-1所示为异形件线框模型,套件包含三个零件,分别为右件、左件和主件,三者间存在装配关系。

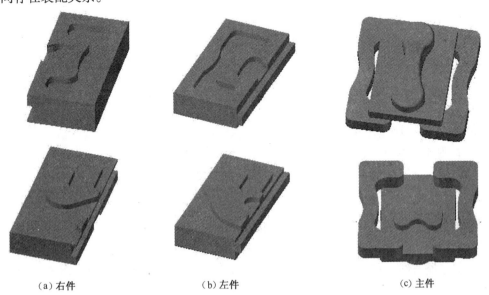

(a) 右件   (b) 左件   (c) 主件

图6-1-1 异形件线框模型

6.1.1 异形套件建模工艺分析

建模前首先要求明确创建模型的工艺路线,二维轮廓零件的建模工艺路线如图 6-1-2 所示。

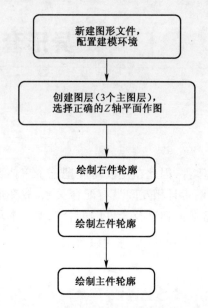

图 6-1-2 异形套件二维轮廓建模工艺路线

6.1.2 右侧件建模

1. 新建一个图形文件

在工具栏中单击 📄 "新建"按钮,或者从菜单栏中选择"文件"→"新建文件"命令,从而新建一个 Mastercam X7 文件。

2. 相关属性状态设置

默认的绘图面为俯视图,构图深度 Z 值为"0",图层为"1"。绘图尺寸见图 6-1-3 所示。

3. 按 F9 建立坐标轴

结果如图 6-1-4 所示。

4. 绘制右件正面

(1)绘制深度 4mm、27mm×72mm 的外形。先确定深度,要注意是在 2D 模式下,在 Z 值输入"-8",按 Enter 键,单击"矩形"按钮,单击 ➕ 设置基准点为中心点,键入宽度和高度的数值分别为"27、72",单击"应用"按钮,其他同理,单击"确定"按钮,如图 6-1-5 所示。

(2)绘制直线。单击绘图工具栏"绘制任意线",单击"垂直键",在绘图区域的适当位置绘制两条直线,分别键入距离值"33、24",按 Enter 键,单击"应用",按 Enter 键,其他同理,最后单击"确定"按钮,结果如图 6-1-6 所示。

148

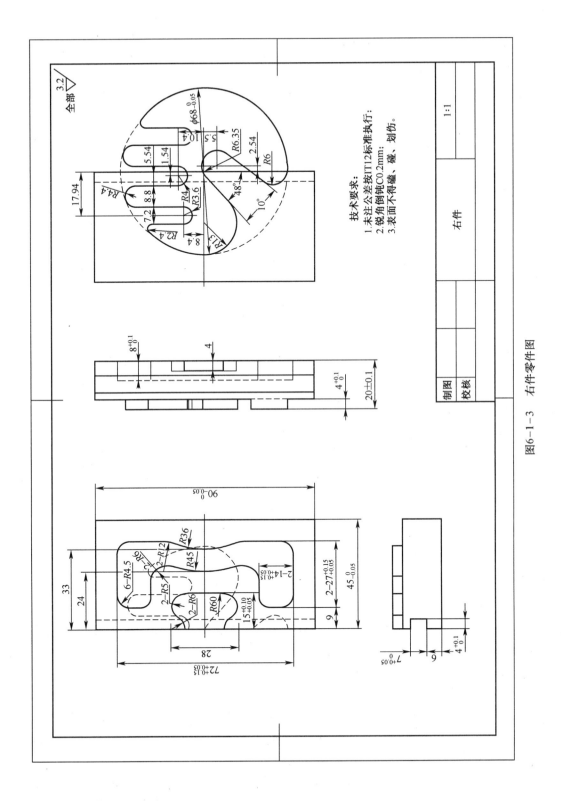

图6-1-3 右件零件图

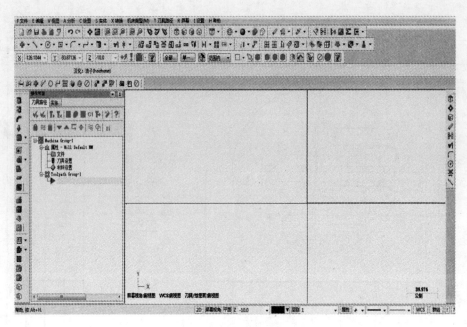

图 6-1-4　建立坐标轴

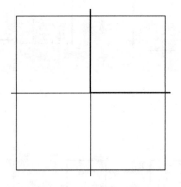

图 6-1-5　绘制外轮廓

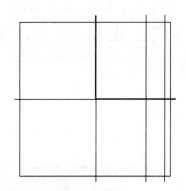

图 6-1-6　绘制直线

（3）绘制半径 36、45 的圆。在绘图工具栏单击"圆心+点"按钮,确定圆心坐标,在 X、Y 值分别输入"69、0",Z 值不变,在"编辑圆心点"操作栏单击"半径"按钮,在其文本框输入"36",按 Enter 键,单击"应用"按钮,接着画圆,最后单击"确定"按钮,绘制的圆如图 6-1-7 所示。

（4）修剪。单击"修剪/打断/延伸"按钮,单击"分/删除"按钮,单击绘图区域不要的部分,单击"确定"按钮,如图 6-1-8 所示。

（5）平移直线。单击 （平移）按钮,选择所要平移的图素,按 Enter 键,弹出菜单,如图 6-1-9 所示。单击"复制",在"ΔY"输入所要平移的值"14",单击"确定"按钮,其他同理,结果如图 6-1-10 所示。

（6）绘制直线。单击绘图工具栏绘制任意线,单击"垂直键",在绘图区域的适当位置绘制一条直线,键入距离值"9",按 Enter 键,单击"应用"按钮,其他同理,最后单击"确定"按钮,结果如图 6-1-11 所示。

150

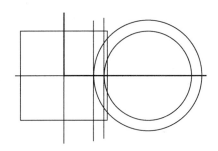

图 6-1-7　绘制圆

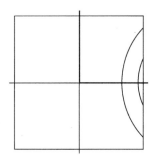

图 6-1-8　修剪图素

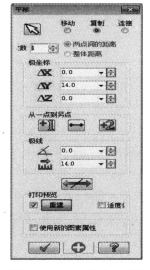

图 6-1-9　"平移"对话框

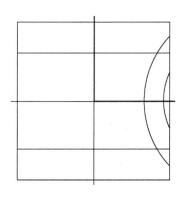

图 6-1-10　平移结果

（7）倒圆角。单击"倒圆角"按钮,单击"不修剪"按钮,键入半径值"4.5",单击需要倒角的两个图素,单击"应用",倒下一个圆角,同理,单击"确定"按钮,如图 6-1-12 所示。

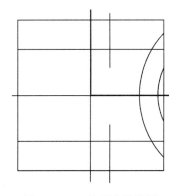

图 6-1-11　绘制直线结果

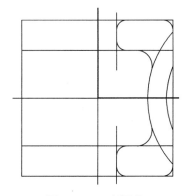

图 6-1-12　倒圆角

（8）修剪。单击"修剪/打断/延伸"按钮,单击"分/删除"按钮,单击绘图区域不要的部分,单击"确定"按钮,如图 6-1-13 所示。

（9）绘制 15×28 的外形。绘制矩形,先确定深度,要注意是在 2D 模下,在 Z 值输入"-4",按 Enter 键,单击"矩形"按钮,单击"设置基准点"为中心点,键入宽度和高度的数值分别为"30、28",单击"确定"按钮,如图 6-1-14 所示。

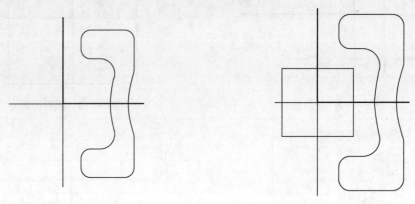

图 6-1-13　修剪图素　　　　　　　　图 6-1-14　绘制外形

（10）绘制 R60 和 R6 的圆。在绘图工具栏单击"圆心+点"按钮,确定圆心坐标,在 X、Y 值分别输入"-45、0",Z 值不变,在"编辑圆心点"操作栏单击"半径"按钮,在其文本框输入"60",按 Enter 键,单击"应用"按钮,接着画圆,最后单击"确定"按钮,绘制的圆如图 6-1-15 所示。

（11）绘制直线并进行倒圆角、修剪。单击绘图工具栏绘制任意线,单击"垂直键",在绘图区域的适当位置绘制一条直线,键入距离值"0",按 Enter 键,单击"确定"按钮,并倒圆角、修剪,结果如图 6-1-16 所示。

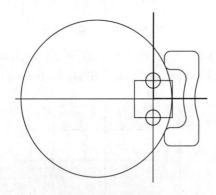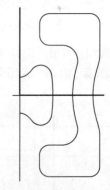

图 6-1-15　绘制圆　　　　　　　图 6-1-16　绘制直线并倒圆角、修剪

（12）绘制矩形。绘制矩形,先确定深度,要注意是在 2D 模式下,在 Z 值输入"-20",按 Enter 键,单击"矩形"按钮,单击"设置基准点"为中心点,键入宽度和高度的数值分别为"90、90",单击"确定"按钮,如图 6-1-17 所示。

（13）绘制直线并进行修剪:(具体如上例子)如图 6-1-18 所示。

（14）如图 6-1-19 所示,将 15mm×28mm 的开口处往外延伸形成封闭口,方便加工,在图形外面绘制比 45mm×90mm 大的矩形,相当于定义一个毛坯,方便加工。

5. 绘制右件反面

（1）新建图层 2,将图层 1 隐藏。

152

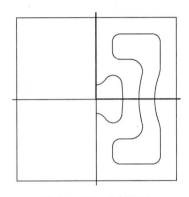

图 6-1-17 绘制矩形

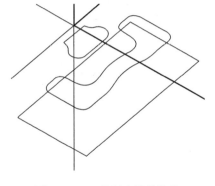

图 6-1-18 绘制直线并修剪

（2）绘制直径 68mm 的外形。绘制直径 68mm 的圆和其他的圆，先确定深度，要注意是在 2D 模式下，在 Z 值输入"-4"，按 Enter 键，按 F9，在绘图工具栏单击"圆心+点"按钮，确定圆心坐标，捕捉中心，在"编辑圆心点"操作栏单击"半径"按钮，在其文本框输入"68"，按 Enter 键，单击"应用"按钮，接着画圆，最后单击"确定"按钮，绘制的圆如图 6-1-20 所示。

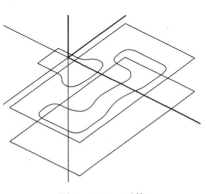

图 6-1-19 延伸

（3）绘制直线。单击绘图工具栏绘制任意线，单击 （相切）按钮，单击与直线相切的圆即半径 6.35mm 的圆，在角度框输入"-138"，按 Enter 键，指定第二端点，单击"应用"按钮，单击垂直线在绘图区域的适当位置绘制一条直线，其他同理，单击"确定"按钮，绘制的直线如图 6-1-21 所示。

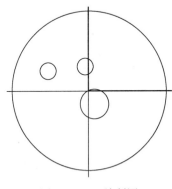

图 6-1-20 绘制圆

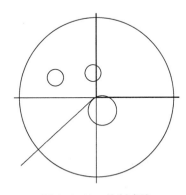

图 6-1-21 绘制直线

（4）旋转直线并单体补正。单击 （旋转）按钮，选取图素并按 Enter 键，弹出"旋转"对话框，单击"复制"，在角度输入框内输入角度值为 10，单击"确定"按钮，如图 6-1-22所示。单击 下三角按钮，选择"单体补正"，弹出"补正"对话框，选取旋转 10°的直线，指定补正的方向，我们在旋转 10°的直线下方空白处单击，在单体补正对话框里,单击"复制"按钮,输入补正的距离为一个圆的直径"12.7",其他不变,单击"确定"按钮,如图 6-1-23 所示。

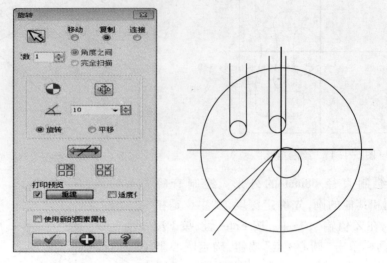

图 6-1-22　旋转直线

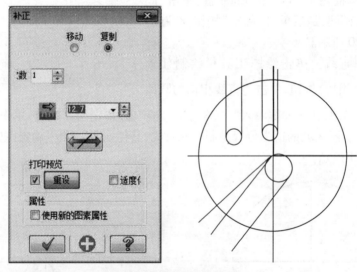

图 6-1-23　补正直线

(5) 切弧。单击 ⊕ ▾ 右边下三角按钮,弹出菜单,单击"切弧",单击"切二物体"按钮,在"半径"对话框中输入圆弧的半径"13",按 Enter 键,在绘图区域单击与圆弧相切的两个图素即直径 68mm 的圆和 48°的直线,单击"应用"按钮,其他同理,有的需要单击 ◉ (三物体切圆)按钮,方法与切二物体切弧相同,最后单击"确定"按钮,如图 6-1-24 所示。

(6) 绘制直线并修剪。单击绘图工具栏绘制任意线,单击"垂直键",在绘图区域的适当位置绘制一条直线,键入距离值"0",按 Enter 键,单击"确定"按钮,并修剪,单击"修剪/打断/延伸"按钮,单击"分/删除"按钮,单击绘图区域不要的部分,单击"确定"按钮,结果如图 6-1-25 所示。

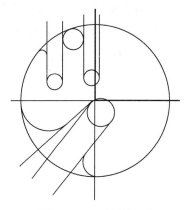

图 6-1-24 绘制切弧

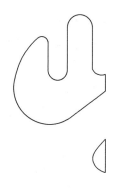

图 6-1-25 绘制直线并修剪

（7）绘制矩形。先确定深度，要注意是在 2D 模式下，在 Z 值输入"-20"，按 Enter 键，单击"矩形"按钮，单击"设置基准点"为中心点，分别键入宽度和高度的数值为"90、90"，单击"确定"按钮，如图 6-1-26 所示。

（8）绘制直线并修剪。具体如图 6-1-27 所示。

（9）绘制矩形。如图 6-1-28 所示，绘制比 45mm×90mm 大的矩形，方便加工。

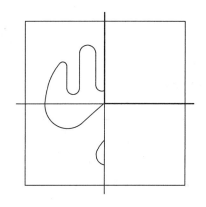

图 6-1-26 绘制矩形

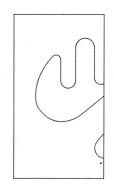

图 6-1-27 绘制直线并修剪

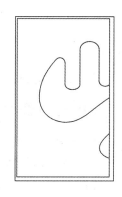

图 6-1-28 绘制矩形

6. 绘制右件侧面

（1）新建图层 3，将图层 2 隐藏。

（2）绘制矩形。先确定深度，要注意是在 2D 模式下，在 Z 值输入"-4"，按 Enter 键，按 F9，单击"矩形"按钮，单击"设置基准点"为中心点，分别键入宽度和高度的数值为"100、20"，单击"确定"按钮，如图 6-1-29 所示。

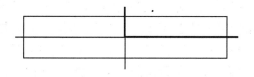

图 6-1-29 绘制矩形

155

（3）平移直线。单击 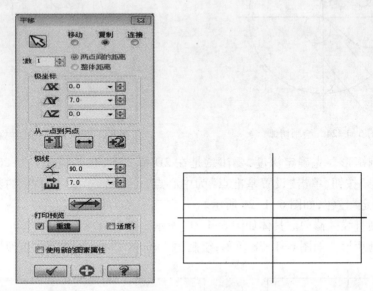（平移）按钮，选择所要平移的图素即下面的直线，按 Enter
键，弹出"平移"对话框，单击"复制"，在"ΔY"输入所要平移的值"6"，单击"应用"按钮，
选择刚平移的直线，在"ΔY"输入所要平移的值"7"，单击"确定"按钮，其他同理，如
图 6-1-30 所示。

图 6-1-30　平移直线

（4）为了方便对刀，将所有工件中心移动到坐标轴中心。

6.1.3　左侧件建模

（1）新建一个图形文件、相关属性状态设置、按 F9 建立
坐标轴与右件设置相同。

（2）绘制左件正面，如图 6-1-31 所示，方法与右件相
同，不再赘述。绘图尺寸见图 6-1-32 所示。

（3）绘制左件反面。

① 新建图层 2，将图层 1 隐藏。

② 绘制直径 68mm 的外圆。先确定深度，要注意是在
2D 模式下，在 Z 值输入"-4"，按 Enter 键，按 F9，在绘图工具
栏单击"圆心+点"按钮，确定圆心坐标，捕捉中心，在"编辑

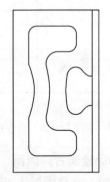

图 6-1-31　绘制左件正面

圆心点"操作栏单击"半径"按钮，在其半径文本框中输入"68"，按 Enter 键，单击"应用"
按钮，接着画圆，最后单击"确定"按钮，绘制的圆如图 6-1-33 所示。

③ 绘制直线。单击绘图工具栏"绘制任意线"，单击"相切"按钮，单击与直线相切的
圆即半径 6.35 的圆，在其角度框输入"-128"，按 Enter 键，指定第二端点，单击"应用"按
钮，单击垂直线在绘图区域的适当位置绘制一条直线，其他同理，单击"确定"按钮，绘制
的直线如图 6-1-34 所示。

156

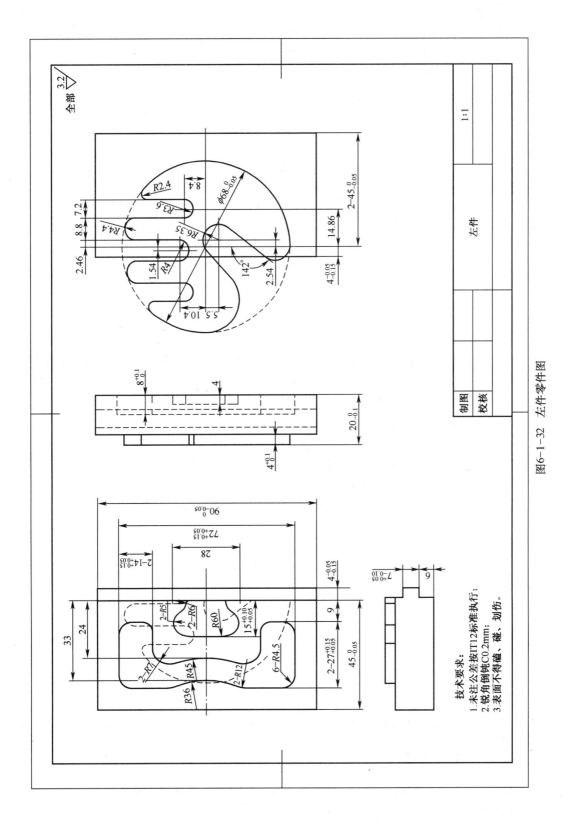

图6-1-32　左件零件图

全部 $\sqrt{3.2}$

技术要求：
1. 未注公差按IT12标准执行；
2. 锐角倒钝倒角C0.2mm；
3. 表面不得碰、磕、划伤。

制图		左件			1:1
校核					

157

④ 切弧。单击 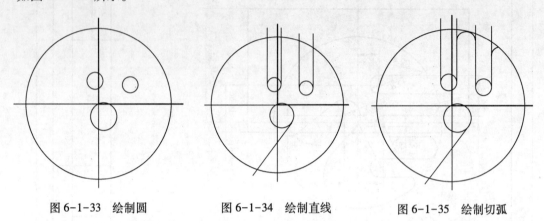 右边下三角按钮,弹出菜单,单击"切弧",按"切二物体"按钮,在"半径"对话框中输入圆弧的半径"2.4",按 Enter 键,在绘图区域单击与圆弧相切的两个图素即直径为 68mm 的圆和半径为 3.6mm 的圆弧右边的直线,单击"应用"按钮,其他同理,有的需要单击"三物体切弧"按钮,方法与切二物体同理,最后单击"确定"按钮,如图 6-1-35 所示。

图 6-1-33　绘制圆　　　　　图 6-1-34　绘制直线　　　　图 6-1-35　绘制切弧

⑤ 绘制直线并修剪。单击绘图工具栏绘制任意线,单击"垂直键",在绘图区域的适当位置绘制一条直线,输入距离值"0",按 Enter 键,单击"确定"按钮,并修剪,单击"修剪/打断/延伸"按钮,单击"分/删除"按钮,单击绘图区域不要的部分,单击"确定"按钮,结果如图 6-1-36 所示。

⑥ 绘制深 7mm、45mm×90mm 的矩形。

⑦ 绘制深 13mm、49mm×90mm 的矩形,总体如图 6-1-37 所示。

⑧ 为了方便对刀,将所有工件中心移动到坐标轴中心。

⑨ 为了方便加工,如图 6-1-38 所示,绘制比 49mm×90mm 大的矩形。

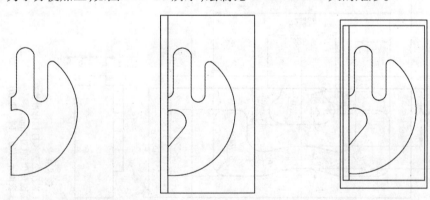

图 6-1-36　绘制直线并修剪结果　图 6-1-37　绘制矩形总体　　　图 6-1-38　绘制矩形

6.1.4　主件建模

（1）新建一个图形文件、相关属性状态设置、按 F9 建立坐标轴与右件设置一样。绘图尺寸如图 6-1-39 所示。

158

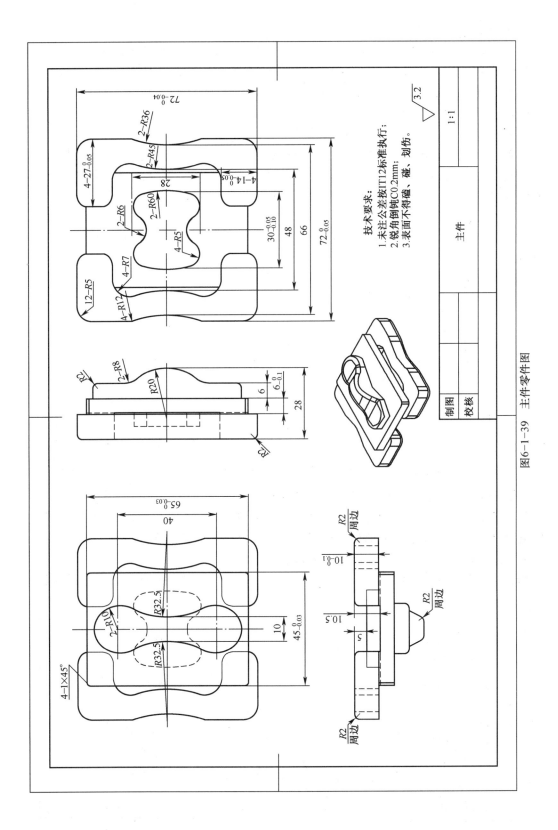

技术要求：
1. 未注公差按IT12标准执行；
2. 锐角倒钝C0.2mm；
3. 表面不得磕、碰、划伤。

$\sqrt{3.2}$

主件

制图
校核

1:1

图6-1-39 主件零件图

159

（2）绘制主件正面。

① 绘制深 12、R10 的外形。绘制两个 R10 的圆,先确定深度,要注意是在 2D 模式下,在 Z 值输入"-12",按 Enter 键,在绘图工具栏单击"圆心+点"按钮,确定圆心坐标,分别输入 X、Y 值"0、20",Z 值不变,在"编辑圆心点"操作栏单击"半径"按钮,在其文本框输入"10",按 Enter 键,单击"应用"按钮,接着画圆,最后单击"确定"按钮,绘制的圆如图 6-1-40 所示。

② 切弧并进行修剪。单击右边下三角按钮,弹出菜单,单击"切弧",单击"切二物体"按钮,在其半径对话框中键入圆弧的半径 32.5mm,按 Enter 键,在绘图区域单击与圆弧相切的两个图素即两个半径为 10mm 的圆,选取所需的圆角,单击"应用"按钮,其他同理,单击"确定"按钮,修剪如图 6-1-41 所示。

③ 绘制矩形。先确定深度,要注意是在 2D 模式下,在 Z 值输入"-18",按 Enter 键,绘制矩形,如图 6-1-42 所示。

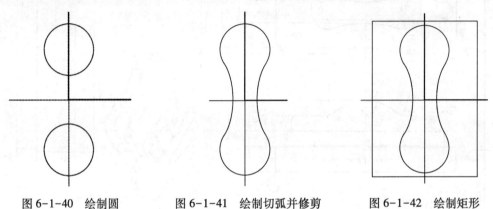

图 6-1-40　绘制圆　　　　图 6-1-41　绘制切弧并修剪　　　　图 6-1-42　绘制矩形

④ 建立实体。挤出实体,在工具栏上单击"挤出实体"按钮,弹出"串连"对话框,单击"串连",选取挤出的串连图素,单击"确定"按钮,弹出"挤出实体的设置"对话框,单击"创建主体",在"按指定的距离延伸距离"填"12",挤出方向如图 6-1-43（d）所示,如相反把更改方向勾选上,单击"确定"按钮,如图 6-1-43 所示。

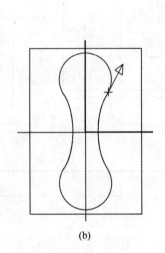

（a）　　　　　　　　　　（b）　　　　　　　　　　（c）

160

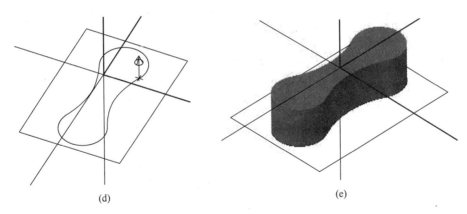

(d)　　　　　　　　　　　　　　　　　　　(e)

图 6-1-43　建立实体

(a)串连对话框;(b)选取挤出的串联因素;(c)挤出设置对话框;(d)挤出方向;(e)实体成形。

⑤ 绘制曲线。

a. 新建图层 2,将图层 1 隐藏。

b. 绘制 R20 的圆。单击"右视图",先确定深度,要注意是在 2D 模式下,在 Z 值输入"0",按 Enter 键,在绘图工具栏单击"圆心+点"按钮,确定圆心坐标,在 X、Y 值中分别输入"0"、"−20",Z 值不变,按 Enter 键,在"编辑圆心点"操作栏单击"半径"按钮,在其半径文本框输入"20",按 Enter 键,单击"确定"按钮,绘制的圆如图 6-1-44 所示。

c. 绘制直线。单击绘图工具栏绘制任意线,单击水平键,在绘图区域的适当位置绘制一条直线,键入距离值"−6",按 Enter 键,单击"确定"按钮,绘制的直线如图 6-1-45 所示。

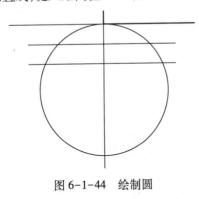

图 6-1-44　绘制圆

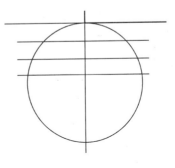

图 6-1-45　绘制直线

⑥ 修剪并倒圆角。单击"修剪/打断/延伸"按钮,单击"分/删除"按钮,单击绘图区域不要的部分,单击"确定"按钮,倒圆角,单击"倒圆角"按钮,单击"修剪"按钮,输入半径值"8",单击需要倒角的两个图素,单击"确定"按钮,如图 6-1-46 所示。

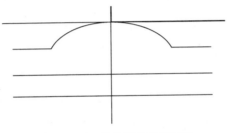

图 6-1-46　修剪图素并倒圆角

⑦ 平移 R20 的曲线。单击"平移"按钮,选择所要平移的图素即 R20 的曲线,按 Enter 键,弹出"平移"对话框,单击"移动",在"ΔZ"输入所要平移的值"10",单击"确定"按钮,如图 6-1-47 所示。

⑧ 在顶视图绘制直线,为了引导曲线的方向,如图 6-1-48 所示。

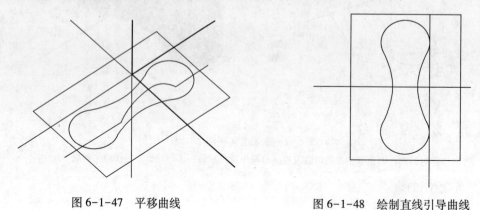

图 6-1-47　平移曲线　　　　　　　　　图 6-1-48　绘制直线引导曲线

⑨ 扫描曲线。选择图层 2,图层 1 不隐藏,单击 ⬚（扫描曲面）按钮,弹出"串联选项"对话框,选取截面方向外形即 R20 的曲线,按 Enter 键,选取引导方向外形即绘制的直线,要注意引导的方向（要与实体切割的方向）,如相反单击 ⬚（反向）按钮,单击"确定"按钮,如图 6-1-49 所示。

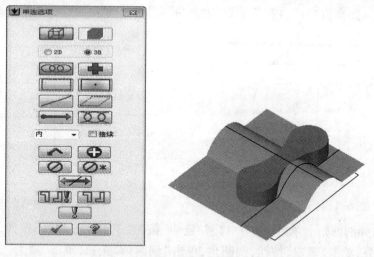

图 6-1-49　扫描曲线

⑩ 实体修剪。首先单击 层别,打开"层别"对话框,在"第 1 图层"一栏单击"突显",显示"X"。在"第 2 图层"里,第 1 图层的图素显示出来了,单击 ⬚（实体修剪）按钮,弹出"修剪实体"对话框,单击"曲面",选择要修整的曲面（选择刚刚绘制好的曲面）,为了方便看清修剪方向,单击 ⬚（线架实体）按钮,要注意修剪方向指着是要保留的部分,如相反单击"F 修剪另一侧"按钮,单击"确定"按钮,如图 6-1-50 所示。

162

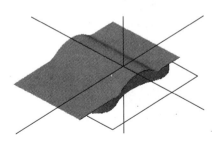

图 6-1-50　修剪实体

⑪ 实体倒圆角。单击 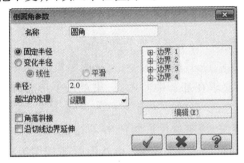 ▼（实体倒圆角）按钮，注意 ▣ ▣ ▣ ▣，只选择 ▣（边界）按钮，选取需倒圆角的图素如图 6-1-49 所示，按 Enter 键，弹出"倒圆角"对话框如图 6-1-51 所示，其他不变，只填入半径值为 2。

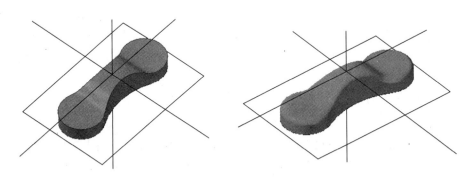

图 6-1-51　实体倒圆角

⑫ 倒斜角。将草图矩形 45mm×65mm 倒斜角，单击 ┌ ▼ 的下三角按钮按钮，单击 "倒角"按钮，单击"修剪"按钮，输入 🔄 5.0 ▼ 🔁 的数值为"1"，其他不变，单击需要倒角的四个图素，单击"确定"按钮，如图 6-1-52 所示。

（3）绘制主件反面。由于反面与左右件的正面相似，方法一致，不再赘述，具体见左右件正面的草图绘制，为了方便加工，绘制大于 72mm×72mm 的矩形，如图 6-1-53 所示。

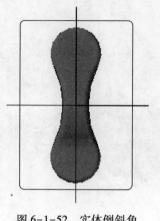

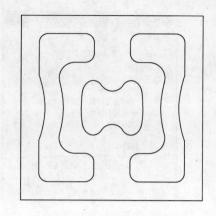

图 6-1-52　实体倒斜角　　　　　　　　　图 6-1-53　绘制主件反面

6.2　异形套件加工工艺分析

6.2.1　图纸分析

图 6-2-1 所示为装配图,由 3 个零件装配而成,其中左件与右件零件先装配后,再与主体零件装配。如果装配顺序不正确,则无法完成装配。在单件加工时,应保证加工精度,对于一些隐性的加工要求在加工中要考虑,重点是手形轮廓应在左件与右件组合后加工,保证其加工精度。

图 6-1-39 所示为主件,该零件反面整体由 $72_{-0.04}^{0}$ mm×$72_{-0.04}^{0}$ mm 圆角为 $R5$mm 的环形方构成,中间断开;中间是一个异形岛屿,由八段圆弧相切组成。正面由一个 $65_{-0.03}^{0}$ mm ×$45_{-0.03}^{0}$ mm,四角倒角为 $1×45°$ 的方,高 $6_{-0.1}^{0}$ mm;在方上有一个四段圆弧组成的轮廓,顶面是由 $R20$mm 和两个 $R8$mm 构成的曲面,曲面周边是 $R2$mm 的圆弧倒角。零件几何特征较多,有柱体、槽、岛屿、曲面和圆弧倒圆等,零件尺寸精度要求较高。虽然没有标注形位公差要求,但在加工时也要注意各个面之间的位置关系,参与配合的面集中在反面,加工时应重点保证其加工精度。

图 6-1-32 所示为左件,该零件正面由尺寸 $90_{-0.05}^{0}$ mm、$45_{-0.05}^{0}$ mm 构成的外形,由尺寸 $72_{+0.05}^{+0.15}$ mm、$27_{+0.05}^{+0.15}$ mm、$14_{+0.05}^{+0.15}$ mm、33mm、24mm 及几段圆弧构成的环形槽,由两段 $R5$ 圆弧、两段 $R6$ 圆弧及一段 $R60$ 圆弧构成深 4mm 的开放槽。反面是高 $4_{0}^{+0.1}$ mm 手形轮廓的一部分。零件形状较简单,精度要求较高,侧面凸台尺寸 $7_{-0.1}^{-0.05}$ mm 是参与配合的尺寸,如果从侧面加工比较好保证尺寸及两个面的平行度,但需要多装夹一次,如果在正反两面分别加工,最终也可形成这个尺寸,但尺寸控制起来比较困难,并且两个面的平行度会受精密平口钳精度的影响,所以在制定加工工艺时一定要综合考虑各个因素。其他尺寸精度以图纸要求加工即可。

图 6-1-3 所示为右件,该零件正面由尺寸 $90_{-0.05}^{0}$ mm、$45_{-0.05}^{0}$ mm 构成的外形,由尺寸 $72_{+0.05}^{+0.15}$ mm、$27_{+0.05}^{+0.15}$ mm、$14_{+0.05}^{+0.15}$ mm、33mm、24mm 及几段圆弧构成的环形槽,由两段 $R5$ 圆弧、两段 $R6$ 圆弧及一段 $R60$ 圆弧构成深 4mm 的开放槽。反面是高 $4_{0}^{+0.1}$ mm 手形轮廓的

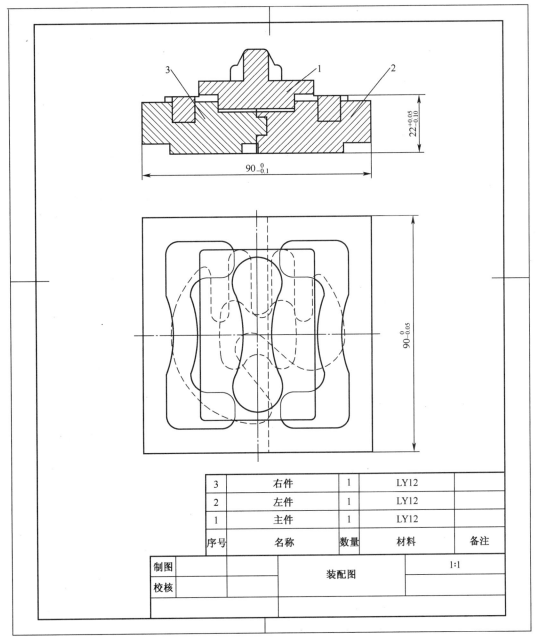

3	右件	1	LY12	
2	左件	1	LY12	
1	主件	1	LY12	
序号	名称	数量	材料	备注

制图			装配图		1:1
校核					

图 6-2-1 装配件

一部分。零件形状较简单,精度要求较高,侧面通槽尺寸 7 $^{+0.05}_{0}$ mm 是参与配合的尺寸,必须从侧面加工,其他尺寸精度以图纸要求加工即可。

6.2.2 加工过程

图纸分析完成后进行加工过程分析,加工过程中用到的工量夹具见表 6-2-1。

(1)毛坯选择:依据图纸,材料选择硬铝,主件毛坯尺寸 75mm×75mm×30mm 一块,左件毛坯尺寸 50mm×95mm×25mm 一块,右件毛坯尺寸 50mm×95mm×25mm 一块。

（2）结构分析：在复合套件的零件上存在外形、腔槽和曲面等结构，各结构较为常见。复合套件需要按照一定顺序装配，不仅要能装配到一起，并且两件还要拼成一个校徽的图案，所以在加工时应重点考虑装夹、加工刚性、形位精度和切削用量等问题，防止加工变形而影响加工精度。

（3）加工工艺分析：经过以上分析，考虑到零件本身精度、装配精度要求。零件加工时总体安排顺序：先加工主件反面，后加工左右件配合部分，左右件配合后再同时加工其余部分。然后主件反面与左右件配合后装夹。最后加工主件正面轮廓和曲面。

主件先定位装夹加工反面轮廓，正面二次定位装夹加工 $65_{-0.03}^{0}$ mm×$45_{-0.03}^{0}$ mm 四角倒角为 1×45° 的上方及上端柱体和圆弧面。

左件与右件一次装夹先加工外形尺寸，再二次装夹加工侧面配合的部分，将两件配合到一起后，第三次装夹，加工左右件的正面型腔部分，翻面第四次装夹，加工左右件的手形轮廓。

表 6-2-1　工量夹具清单

序号	类别	名称	规格	数量	备注
1	材料	LY12	50mm×95mm×25mm（2块）	3	
2	刀具	高速钢立铣刀	φ12mm、φ8mm、φ6mm	各1支	
		中心钻	φ3mm		
		钻头	φ7.8mm		
3	夹具	精密平口虎钳	0~300mm	1套	
4	量具	游标卡尺	1~150mm	1把	
		千分尺	0~25mm、25~50mm、50~75mm	各1把	
		深度千分尺	0~25mm	1把	
		内测千分尺	5~30mm	1把	
5	工具	铣夹头		2个	
		钻夹头		1个	
		弹簧夹套	φ12mm、φ8mm、φ6mm	各1个	与刀具配套
		平行垫铁		1副	装夹高度7mm
		锉刀	6寸	1把	
		油石		1支	

6.3　异形套件加工编程过程

6.3.1　异形套件自动编程及加工——右侧件正面加工

选择加工系统、素材设置（92,50,23）、平面铣削加工以及外轮廓的加工方式较为简单，此处不做详细步骤的讲解。

步骤一、新建刀具路径群组

在桌面左侧的操作管理处，右击，"群组"→"新建机床群组"→"铣床"命令，新建一个刀具路径群组，便于操作。

步骤二、外形轮廓加工

1. 启动等高外形加工

（1）选择"刀具路径"→"外形铣削"命令，弹出"串连选项"对话框，选择"2D"和"串连选项"，选择如图6-3-1所示的梅花形轮廓线，箭头方向与图中所示一致即可。

（2）单击"串连选项"对话框中的"确定"按钮，弹出"2D刀具路径-外形"对话框。

2. 设置加工刀具

在"2D刀具路径-外形"对话框左侧的"参数类别列表"中选择"刀具"选项，出现"刀具设置"对话框，选择刀具直径为8mm的平底刀，刀具参数不变。

3. 设置切削参数

在左侧的"参数类别列表"中选择"切削参数"选项，弹出"切削参数"对话框，"预留量"均设置为"0"即可（精加工时视图纸要求的公差实际情况而做计算得到）。

4. 设置外形铣削高度参数

在左侧的"参数类别列表"中选中"共同参数"节点，"深度"设置为"-8"，其余参数与前面例子中的设置一致即可。

5. 进/退刀设置

在左侧的"参数类别列表"中选择"进/退刀设置"选项，弹出"进/退刀参数"对话框。设置"进刀"中的切入圆弧进刀为"0.2"，退刀为"0.2"，其余参数默认。注意，不勾选"在封闭轮廓的中点位置执行进/退刀"选项。

6. 深度切削参数

在左侧的"参数类别列表"中选择"深度切削参数"选项，弹出"深度切削参数"对话框。设置参数可参考前面例子中的铣削内轮廓的参数设置（铣削外轮廓时由于余量较少，深度的最大切削量可适当增加，视实际的情况及加工经验而定）。

7. 生成刀具路径并验证

完成加工参数设置后，产生加工刀具路径，模拟结果如图6-3-2所示。单击"验证"对话框中的"确定"按钮，结束模拟操作。关闭加工刀具路径的显示，为后续加工操作做好准备。

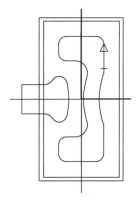

图6-3-1 选择梅花形轮廓线

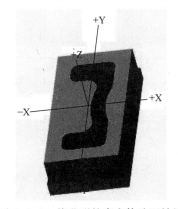

图6-3-2 梅花形轮廓实体验证效果

步骤三、外形轮廓加工

1. 启动等高外形加工

（1）选择"刀具路径"→"等高外形铣削"命令，弹出"串连选项"对话框，选择"2D"和"串连选项"，选择图6-3-3所示的梅花形轮廓线，箭头方向与图中所示一致即可。

167

（2）单击"串连选项"对话框中的"确定"按钮,弹出"2D刀具路径-外形"对话框。

2. 设置加工刀具

在"2D刀具路径-外形"对话框左侧的"参数类别列表"中选择"刀具"选项,出现"刀具设置"对话框,选择刀具直径为8mm的平底刀,刀具参数不变。

3. 设置切削参数

在左侧的"参数类别列表"中选择"切削参数"选项,弹出"切削参数"对话框,"预留量"均设置为0即可(精加工时视图纸要求的公差实际情况而做计算得到)。

4. 设置外形铣削高度参数

在左侧的"参数类别列表"中选中"共同参数"节点,"深度"设置为"-4",其余参数与前面例子中的设置一致即可。

5. 进/退刀设置

在左侧的"参数类别列表"中选择"进/退刀设置"选项,弹出"进/退刀参数"对话框。设置进、退刀参数与前例相同,其余参数默认。注意,不勾选"在封闭轮廓的中点位置执行进/退刀"选项。

6. 深度切削参数

在左侧的"参数类别列表"中选择"深度切削参数"选项,弹出"深度切削参数"对话框。设置参数可参考前面例子中的铣削内轮廓的参数设置(铣削外轮廓时由于余量较少,深度的最大切削量可适当增加,视实际的情况及加工经验而定)。

7. 生成刀具路径并验证

完成加工参数设置后,产生加工刀具路径,模拟结果如图6-3-4所示。单击"验证"对话框中的"确定"按钮,结束模拟操作。关闭加工刀具路径的显示,右件的正面加工完毕。

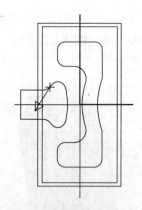

图6-3-3 选择加工轮廓

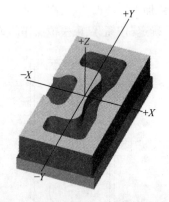

图6-3-4 开口槽加工实体验证效果

6.3.2 异形套件自动编程及加工——右侧件反面加工

选择加工系统,素材设置(92,50,23)、平面铣削加工以及外轮廓的加工方式较为简单,此处不做详细步骤的讲解。

步骤一、新建刀具路径群组

在桌面左侧的操作管理处,右击,"群组"→"新建机床群组"→"铣床"命令,新建一

168

个刀具路径群组,便于操作。

步骤二、2D 挖槽加工

1. 启动挖槽加工

(1)选择"刀具路径"→"2D 挖槽"命令,弹出"串连选项"对话框,选择"2D"和"串连选项",选择图 6-3-5 所示的两条轮廓线。刀具、参数可参考前面例子中的选择与设置。

(2)单击"串连选项"对话框中的"确定"按钮,弹出"2D 刀具路径-外形"对话框。

2. 设置加工刀具

在"2D 刀具路径-等高外形"对话框左侧的"参数类别列表"中选择"刀具"选项,出现"刀具设置"对话框,选择刀具直径为 6mm 的平底刀,"进给率"设为"240","转速"为"3000"。其余参数视实际加工设置。

3. 设置切削参数

在左侧的"参数类别列表"中选择"切削参数"选项,弹出"切削参数"对话框,"预留量"均设置为"0.5",其他参数默认。"粗加工参数"的切削方式设置为"平行环切","间距"设为"4",其余参数默认。

4. 设置共同参数

在左侧的"参数类别列表"中选中"共同参数"节点,"深度"设置为"-4"(在"深度切削"中刀具每刀切深为"3",所以分两层切削即可),其余参数可参考前面例子中的设置。

5. 进/退刀设置

在左侧的"参数类别列表"中选择"进/退刀设置"选项,弹出"进/退刀参数"对话框。设置进、退刀参数与前例相同,其余参数默认。注意,不勾选"在封闭轮廓的中点位置执行进/退刀"选项。

6. 生成刀具路径并验证

完成加工参数设置后,产生加工刀具路径,模拟结果如图 6-3-6 所示。结束模拟操作,关闭加工刀具路径的显示,为后续加工操作做好准备。

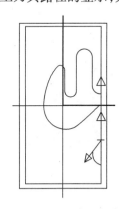

图 6-3-5 选择串联轮廓线

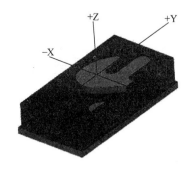

图 6-3-6 异形轮廓粗加工实体验证效果

步骤三、外形轮廓加工

1. 启动外形铣削加工

(1)首先要添加辅助线,如图 6-3-7 所示,再选择"刀具路径"→"外形铣削"命令,弹出"串连选项"对话框,选择"2D"和"串连选项",选择校徽图形的两个轮廓线,箭头为顺时针方向。

（2）单击"串连选项"对话框中的"确定"按钮，弹出"2D 刀具路径-外形"对话框。

2. 设置加工刀具

在"2D 刀具路径-外形"对话框左侧的"参数类别列表"中选择"刀具"选项，出现"刀具设置"对话框，选择刀具直径为 6mm 的平底刀，刀具参数不变。

3. 设置切削参数

在左侧的"参数类别列表"中选择"切削参数"选项，弹出"切削参数"对话框，"预留量"均设置为"0"即可（精加工时视图纸要求的公差实际情况而做计算得到）。

4. 设置外形铣削高度参数

在左侧的"参数类别列表"中选中"共同参数"节点，"深度"设置为"−4"，其余参数与前面例子中的设置一致即可。

5. 进/退刀设置

在左侧的"参数类别列表"中选择"进/退刀设置"选项，弹出"进/退刀参数"对话框。设置进、退刀参数与上一步骤相同，其余参数默认。注意，不勾选"在封闭轮廓的中点位置执行进/退刀"选项。

6. 深度切削参数

在左侧的"参数类别列表"中选择"深度切削参数"选项，弹出"深度切削参数"对话框。设置参数可参考前面例子中的铣削内轮廓的参数设置（铣削外轮廓时由于余量较少，深度的最大切削量可适当增加，视实际的情况及加工经验而定）。

7. 生成刀具路径并验证

完成加工参数设置后，产生加工刀具路径，模拟结果如图 6-3-8 所示。单击"验证"对话框中的"确定"按钮，结束模拟操作。关闭加工刀具路径的显示，右件的正面加工完毕。

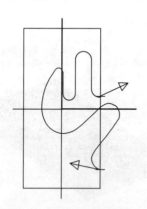

图 6-3-7　选择加工轮廓

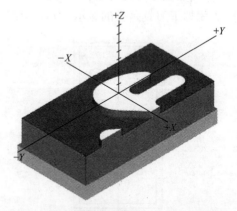

图 6-3-8　异型轮廓精加工实体验证效果

侧面加工，由于右件侧面只有一个轮廓线，而且较为简单。选择加工系统，素材设置（20,100,20）、平面铣削加工以及外轮廓的加工方式较为简单，此处不做详细步骤的讲解。

6.3.3　异形套件自动编程及加工——左侧件加工

选择加工系统，素材设置（92,52,23）、左件的正面轮廓与右件的轮廓一致，只是方向

170

不同,加工操作可参考右件的加工。由于加工方式较为简单,此处不做详细步骤的讲解。

步骤一、新建刀具路径群组

在桌面左侧的操作管理处,右击,"群组"→"新建机床群组"→"铣床"命令,新建一个刀具路径群组,便于操作。

步骤二、2D 挖槽加工

1. 启动挖槽加工

(1)选择"刀具路径"→"2D 挖槽"命令,弹出"串连选项"对话框,选择"2D"和"串连选项",选择图 6-3-9 所示的两条轮廓线。刀具、参数可参考前面例子中的选择与设置。

(2)单击"串连选项"对话框中的"确定"按钮,弹出"2D刀具路径-外形"对话框。

2. 设置加工刀具

在"2D 刀具路径-外形"对话框左侧的"参数类别列表"中选择"刀具"选项,出现"刀具设置"对话框,选择刀具直径为 6mm 的平底刀,"进给率"设为"240","转速"为"3000"。其余参数视实际加工设置。

3. 设置切削参数

在左侧的"参数类别列表"中选择"切削参数"选项,弹出"切削参数"对话框,"预留量"均设置为"0.5",其他参数默认。"粗加工参数"的切削方式设置为"平行环切","间距"设为"4",其余参数默认。

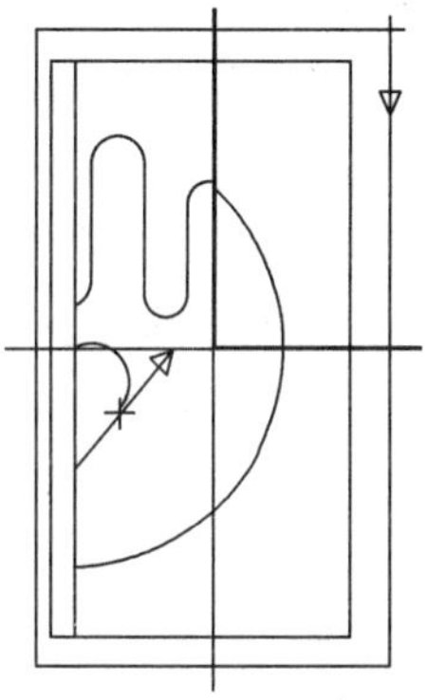

图 6-3-9 选择
串联轮廓线

4. 设置共同参数

在左侧的"参数类别列表"中选中"共同参数"节点,"深度"设置为"-4"(在"深度切削"中刀具每刀切深为"3",所以分两层切削即可),其余参数可参考前面例子中的设置。

5. 进/退刀设置

在左侧的"参数类别列表"中选择"进/退刀设置"选项,弹出"进/退刀参数"对话框。设置进、退刀参数与前例相同,其余参数默认。注意,不勾选"在封闭轮廓的中点位置执行进/退刀"选项。

6. 生成刀具路径并验证

完成加工参数设置后,产生加工刀具路径,模拟结果,结束模拟操作,关闭加工刀具路径的显示,为后续加工操作做好准备。

步骤三、外形轮廓加工

1. 启动外形铣削加工

选择"刀具路径"→"外形铣削"命令,弹出"串连选项"对话框,选择"2D"和"串连选项",选择校徽图形的轮廓线,箭头为顺时针方向。

2. 设置加工刀具

在"2D 刀具路径-外形"对话框左侧的"参数类别列表"中选择"刀具"选项,出现刀具设置对话框,选择刀具直径为 6mm 的平底刀,刀具参数不变。

3. 设置切削参数

在左侧的"参数类别列表"中选择"切削参数"选项,弹出"切削参数"对话框,"预留量"均设置为"0"即可(精加工时视图纸要求的公差实际情况而做计算得到)。

4. 设置外形铣削高度参数

在左侧的"参数类别列表"中选中"共同参数"节点,"深度"设置为"-4",其余参数与前面例子中的设置一致即可。

5. 进/退刀设置

在左侧的"参数类别列表"中选择"进/退刀设置"选项,弹出"进/退刀参数"对话框。设置进、退刀参数与前例相同,其余参数默认。注意,不勾选"在封闭轮廓的中点位置执行进/退刀"选项。

6. 深度切削参数

在左侧的"参数类别列表"中选择"深度切削参数"选项,弹出"深度切削参数"对话框。设置参数可参考前面例子中的铣削内轮廓的参数设置。

7. 生成刀具路径并验证

完成加工参数设置后,产生加工刀具路径,模拟结果如图 6-3-10 所示。单击"验证"对话框中的"确定"按钮,结束模拟操作。关闭加工刀具路径的显示,右件的正面加工完毕。

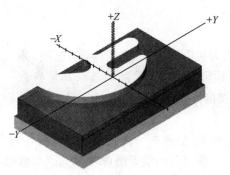

图 6-3-10　右侧异型轮廓实体验证效果

侧面加工、左件侧面的加工,只有一个轮廓线,且较为简易,故此处不做详细讲解。可参考右件侧面的加工操作。

6.3.4　异形套件自动编程及加工——主件正面加工

正面加工,选择加工系统,素材设置(70,50,20)、铣削平面就不做详细讲解。

步骤一、新建刀具路径群组

在桌面左侧的操作管理处,右击,"群组"→"新建机床群组"→"铣床"命令,新建一个刀具路径群组,便于操作。

步骤二、外形轮廓加工

1. 启动外形铣削加工

(1) 选择"刀具路径"→"外形铣削"命令,弹出"串连选项"对话框,选择"2D"和"串连选项",选择图 6-3-11 所示轮廓线,箭头方向与图中所示一致即可。

(2) 单击"串连选项"对话框中的"确定"按钮,弹出"2D 刀具路径-外形"对话框。

2. 设置加工刀具

刀具仍选择直径为 12mm 的平底刀,刀具参数"进给率"设为"200",其他参数不变。

172

3. 设置切削参数

在左侧的"参数类别列表"中选择"切削参数"选项,弹出"切削参数"对话框,"预留量"均设置为"0"即可(粗、精加工参数与前面例子设置一致即可)。其他参数默认。

4. 设置外形铣削高度参数

在左侧的"参数类别列表"中选中"共同参数"节点,"工件表面"绝对坐标值设为"0","深度"绝对坐标值加工到最大值,其余参数与前面例子中的设置一致即可。

5. 进/退刀设置

在左侧的"参数类别列表"中选择"进/退刀设置"选项,弹出"进/退刀参数"对话框。进、退刀参数与前例设置相同,其余参数默认。注意,不勾选"在封闭轮廓的中点位置执行进/退刀"选项。

6. 深度切削参数

在左侧的"参数类别列表"中选择"深度切削参数"选项,弹出"深度切削参数"对话框。设置参数与前面例子中的设置一致即可。

7. 生成刀具路径并验证

完成加工参数设置后,产生加工刀具路径,模拟结果如图 6-3-12 所示。单击"验证"对话框中的"确定"按钮,结束模拟操作。关闭加工刀具路径的显示,为后续加工操作做好准备。

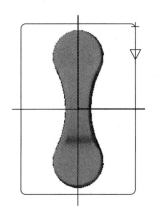

图 6-3-11 选取串连轮廓线

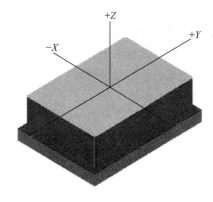

图 6-3-12 圆角矩形实体验证效果

步骤三、翻面加工

选择加工系统,素材设置(70,50,30)、铣削平面就不做详细讲解。

步骤四、标准挖槽加工

1. 启动曲面粗加工

选择"刀具路径"→"R 曲面粗加工"→"K 粗加工挖槽"命令,在工具栏处如图 6-3-13 所示,选择凹球面,单击绿色图标,"确定"。弹出"刀具路径的曲面"对话框。单击"刀具路径参数"选项,刀具仍选择 12mm 平底刀,"曲面加工参数"选项参数设置与鼠标一例中的加工参数设置是一致即可。"切削深度"最高位置设为"0",最低位置设为"-11.5"。

图 6-3-13 单击绿色图标

173

2. 生成刀具路径并验证

完成加工参数设置后,产生加工刀具路径,模拟结果如图 6-3-14 所示,结束模拟操作。关闭加工刀具路径的显示,为后续加工操作做好准备。

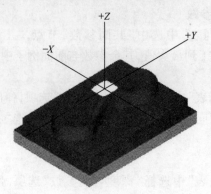

图 6-3-14　曲面粗加工实体验证效果

步骤五、环绕等距半精及精加工

1. 启动环绕等距加工

选择"刀具路径"→"F 曲面精加工"→"环绕等距"命令,选择"实体的面"为凸面,创建一把直径为 8mm 的球头刀,参数设置与前面例子中 8mm 的球头刀参数一致。其余选项参数设置均与前面例子中应用到的环绕等距参数设置一致(粗加工时将预留量设为"0.1",且最大切削间距设为"2"。当精加工时将预留量设为"0",最大切削间距设为"0.3",其余步骤均一致)。

2. 生成刀具路径并验证

完成加工参数设置后,产生加工刀具路径,模拟结果如图 6-3-15 所示,结束模拟操作。关闭加工刀具路径的显示,上组件的正面加工完毕。

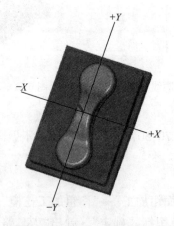

图 6-3-15　曲面精加工实体验证效果

6.3.5　异形套件自动编程及加工——主件反面加工

选择加工系统,素材设置(92,52,30),铣削平面就不做详细讲解。

步骤一、新建刀具路径群组

在桌面左侧的操作管理处,右击,"群组"→"新建机床群组"→"铣床"命令,新建一个刀具路径群组,便于操作。

步骤二、2D 挖槽加工

1. 启动挖槽加工

选择"刀具路径"→"2D 挖槽"命令,弹出"串连选项"对话框,选择"2D"和"串连选项",选择图 6-3-16 所示的两条轮廓线。刀具、参数可参考前面例子中的选择与设置。

(2) 单击"串连选项"对话框中的"确定"按钮,弹出"2D 刀具路径-外形"对话框。

2. 设置加工刀具

在"2D 刀具路径-外形"对话框左侧的"参数类别列表"中选择"刀具"选项,出现"刀具设置"对话框,选择刀具直径为 8mm 的平底刀,"进给率"设为 240,"转速"为"2400"。其余参数视实际加工设置。

3. 设置切削参数

在左侧的"参数类别列表"中选择"切削参数"选项,弹出"切削参数"对话框,"预留量"均设置为"0.2"。其他参数默认。"粗加工参数"的切削方式设置为"平行环切","间距"设为"4",其余参数默认。

4. 设置共同参数

在左侧的"参数类别列表"中选中"共同参数"节点,"深度"设置为"-5"(在"深度切削"中刀具每刀切深为 3mm,所以分两层切削即可),其余参数可参考前面例子中的设置。

5. 进/退刀设置

在左侧的"参数类别列表"中选择"进/退刀设置"选项,弹出"进/退刀参数"对话框。设置进、退刀参数与前例设置相同,其余参数默认。注意,不勾选"在封闭轮廓的中点位置执行进/退刀"选项。

6. 生成刀具路径并验证

完成加工参数设置后,产生加工刀具路径,模拟结果如图 6-3-17 所示。结束模拟操作,关闭加工刀具路径的显示,为后续加工操作做好准备。

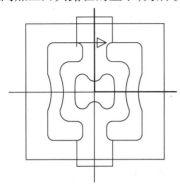

图 6-3-16　选择轮廓线

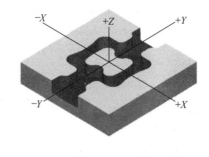

图 6-3-17　异形凸台粗加工实体验证效果

步骤三、外形轮廓加工

1. 启动外形铣削加工

选择"刀具路径"→"外形铣削"命令,弹出"串连选项"对话框,选择"2D"和"串连选项",选择图 6-3-18 所示轮廓线,箭头方向与图中所示方向一致即可。

2. 设置加工刀具

在"2D 刀具路径-外形"对话框左侧的"参数类别列表"中选择"刀具"选项,出现"刀具设置"对话框,选择刀具直径为 8mm 的平底刀,刀具参数不变。

3. 设置切削参数

在左侧的"参数类别列表"中选择"切削参数"选项,弹出"切削参数"对话框,"预留量"均设置为"0"即可(精加工时视图纸要求的公差实际情况而做计算得到)。

4. 设置外形铣削高度参数

在左侧的"参数类别列表"中选中"共同参数"节点,"深度"设置为"-10.5",其余参数与前面例子中的设置一致即可。

5. 进/退刀设置

在左侧的"参数类别列表"中选择"进/退刀设置"选项,弹出"进/退刀参数"对话框。设置进、退刀参数与前例设置相同。其余参数默认。注意,不勾选"在封闭轮廓的中点位置执行进/退刀"选项。

6. 深度切削参数

在左侧的"参数类别列表"中选择"深度切削参数"选项,弹出"深度切削参数"对话框。设置参数可参考前面例子中的铣削内轮廓的参数设置。

7. 生成刀具路径并验证

完成加工参数设置后,产生加工刀具路径,模拟结果如图 6-3-19 所示。单击"验证"对话框中的"确定"按钮,结束模拟操作。关闭加工刀具路径的显示,为后续加工操作做好准备。

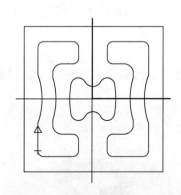

图 6-3-18　选取串联轮廓线

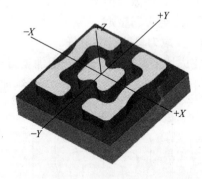

图 6-3-19　一面实体验证效果

步骤四、平面铣加工

1. 启动平面铣加工

选择"刀具路径"→"平面铣"命令,弹出"串连选项"对话框,选择"2D"和"串连选项",选择图 6-3-20 所示轮廓线,箭头方向与图中所示方向一致即可。

2. 设置加工刀具

在"2D 刀具路径-平面铣削"对话框左侧的"参数类别列表"中选择"刀具"选项,出现"刀具设置"对话框,选择刀具直径为 8mm 的平底刀,刀具参数不变。

3. 设置切削参数

在左侧的"参数类别列表"中选择"切削参数"选项,弹出"切削参数"对话框,"预留量"均设置为 0 即可(精加工时视图纸要求的公差实际情况而做计算得到)。

4. 深度切削参数

在左侧的"参数类别列表"中选择"深度切削参数"选项,弹出"深度切削参数"对话框。"最大粗切步进量"为"2",不提刀。设置参数可参考前面例子中的铣削内轮廓的参数设置。

5. 共同参数

"深度"的绝对坐标为"-5",其余参数可参考前面例子中的设置。

6. 生成刀具路径并验证

完成加工参数设置后,产生加工刀具路径,模拟结果如图 6-3-21 所示。单击"验证"对话框中的"确定"按钮,结束模拟操作。关闭加工刀具路径的显示,为后续加工操作做好准备。

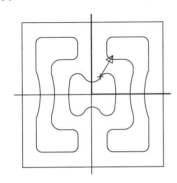

图 6-3-20　选取串联轮廓线

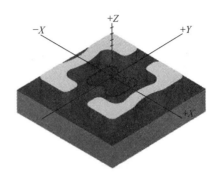

图 6-3-21　异型凸台精加工实体验证效果

步骤五、外形轮廓加工

1. 启动外形铣削加工

选择"刀具路径"→"外形铣削"命令,弹出"串连选项"对话框,选择"2D"和"串连选项",选择如图 1-3-48 所示一样,箭头方向与图中所示方向一致即可。

2. 设置加工刀具

在"2D 刀具路径-外形"对话框左侧的"参数类别列表"中选择"刀具"选项,出现"刀具设置"对话框,选择刀具直径为 8mm 的平底刀,刀具参数不变。

3. 设置切削参数

在左侧的"参数类别列表"中选择"切削参数"选项,弹出"切削参数"对话框,"预留量"均设置为"0"即可(精加工时视图纸要求的公差实际情况而做计算得到)。

4. 设置外形铣削高度参数

在左侧的"参数类别列表"中选中"共同参数"节点,"深度"设置为-5,其余参数与前面例子中的设置一致即可。

5. 进/退刀设置

在左侧的"参数类别列表"中选择"进/退刀设置"选项,弹出"进/退刀参数"对话框。设置进、退刀参数与前例设置相同,其余参数默认。注意,不勾选"在封闭轮廓的中点位置执行进/退刀"选项。

6. 深度切削参数

在左侧的"参数类别列表"中选择"深度切削参数"选项,弹出"深度切削参数"对话框。设置参数可参考前面例子中的铣削内轮廓的参数设置。

7. 生成刀具路径并验证

完成加工参数设置后,产生加工刀具路径,模拟结果,单击"验证"对话框中的"确定"按钮,结束模拟操作。关闭加工刀具路径的显示,主件的反面加工完毕。

第7章
手机装配模具加工

本章要点

手机装配模具属于手机装配生产线中的夹具体,为了保证手机在装配过程中的正确位置,夹具体的曲面必须与手机壳体的曲面完全贴合,因此在加工过程中不同角度的曲面一般需要采用单独的策略进行加工,另外在选择加工曲面的同时还需要选择与之相邻的曲面作为干涉面或者根据需要绘制加工边界,以避免在加工时发生过切或欠切现象。在本章中我们应重点掌握曲面加工的边界设置以及干涉面选择的技巧。

零件图分析

单击工具栏"打开",找到手机装配模型文件,打开即可导入手机装配模型。图7-1-1为手机装配模具实体模型,包含外轮廓、曲面等图素。

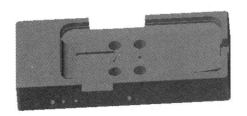

图7-1-1 手机装配模具实体模型

7.1 手机装配模具加工工艺分析

通过手机装配夹具模型图可知,模型有四个面需要加工,因此需要进行四次装夹完成手机装配模具的加工。第一次装夹完成模型底面及孔的加工,第二次装夹完成上面曲面及开口槽加工,第三次装夹完成左侧开口槽及孔加工,第四次装夹完成右侧开口槽加工。

图纸分析完成后根据加工内容准备表7-1-1所示工量夹具,手机装配模具在加工时第一次装夹加工外形,第二次装夹加工包含曲面的加工面所有图素,第三次装夹加工侧面孔,第四次装夹加工侧面开口槽。手机装配模具课题主要训练曲面加工的加工策略选择及多曲面加工的干涉设置及边界设置,工艺部分比较简单这里不再赘述。

表 7 - 1 - 1　工量夹具表

序号	类别	名　　称	规　　格	数量	备注
1	材料	PVC	110mm×60mm	2	
2	刀具	高速钢立铣刀	ϕ12mm、ϕ8mm、ϕ6mm	各1支	
		高速钢圆鼻刀	ϕ10~R0.5mm		
		高速钢球头刀	ϕ8mm~R4mm、ϕ4~R2mm		
3	夹具	精密平口虎钳	0~300mm	1套	
4	量具	游标卡尺	1~150mm	1把	
		千分尺	25~50mm、50~75mm、100~125mm	各1把	
5	工具	铣夹头	C32	2个	
		钻夹头		1个	
		弹簧夹套	ϕ12mm、ϕ8mm、ϕ6mm、ϕ4mm	各1个	与刀具配套
		平行垫铁		1副	装夹高度6mm
		锉刀	中锉	1把	
		油石		1支	

7.2　手机装配模具编程过程

7.2.1　手机装配模具——第一面加工

步骤一、启动 Mastercam X7 打开文件

启动 Mastercam X7,选择"文件"→"打开"命令,弹出"打开"对话框,选择"手机装配模具.mcx"文件。

步骤二、选择加工系统

选择"机床类型"→"铣床"→"默认"命令,此时系统进入铣削加工模块。

步骤三、素材设置

(1)双击图 7 - 2 - 1 中的"属性-Mill Default MM"标识,展开"属性"后的"操作管理器"。

(2)选择"属性"选项下的"材料设置"命令,系统弹出"机器群组属性"对话框,选择"材料设置"选项卡,设置毛坯形状为矩形,选中"显示"选项区域中的"线架加工"单选按钮,在显示窗口中以线框形式显示毛坯,如图 7 - 2 - 2 所示。

步骤四、孔加工

(1)启动"绘图"→"曲面曲线"→"单一边界",选择所要加工的圆,将其边界线绘制出来,如图 7 - 2 - 3 所示。

(2)单击菜单栏中的"刀具路径",选择"钻孔",弹出"选取钻孔的点"对话框,如图7 - 2 - 4 所示。

图 7-2-1　操作管理器展开

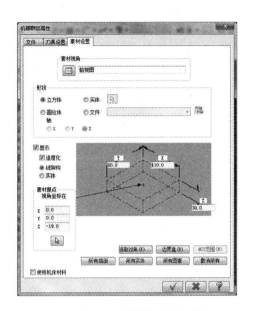

图 7-2-2　"材料设置"选项卡

图 7-2-3　绘制边界线

图 7-2-4　"选取钻孔的点"对话框

（3）分别单击 2 个直径大的圆心，单击"确定"按钮，弹出"2D-刀具路径-钻孔/全圆铣削"对话框，如图 7-2-5 所示。

（4）单击"2D-刀具路径-钻孔/全圆铣削"对话框中的"刀具"按钮，弹出"定义刀具"对话框，设置相应的参数，如图 7-2-6 所示。

（5）单击"2D-刀具路径-钻孔/全圆铣削"对话框中的"切削参数"按钮，设置相应的参数，如图 7-2-7 所示。

（6）单击"2D-刀具路径-钻孔/全圆铣削"对话框中的"共同参数"按钮，设置相应的参数，如图 7-2-8 所示。单击"确定"。

（7）两个直径相对小的孔的加工。分别单击两个直径相对小的孔的圆心，方法同上。

（8）生成刀具路径并验证。

181

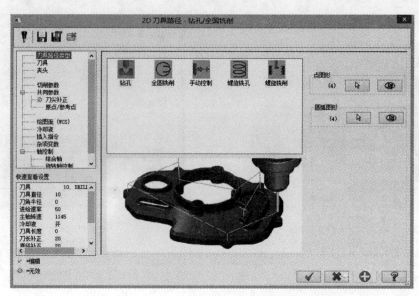

图 7-2-5 "2D-刀具路径-钻孔/全圆铣削"对话框

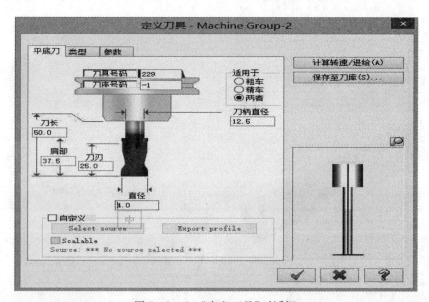

图 7-2-6 "定义刀具"对话框

① 完成加工参数设置后,产生加工刀具路径。然后单击"操作管理器"中的"实体加工验证" 按钮,系统弹出"验证"对话框,单击 按钮,模拟结果如图 7-2-9 所示。

② 单击"验证"对话框中的"确定"按钮,结束模拟操作。然后单击"操作管理器"中的"关闭刀具路径显示" 按钮,关闭加工刀具路径的显示,为后续加工操作做好准备。

7.2.2 手机装配模具——第二面加工

步骤一、启动 Mastercam X7 打开文件

启动 Mastercam X7,选择"文件"→"打开"命令,弹出"打开"对话框,选择"手机装配模具 . mcx"文件。

182

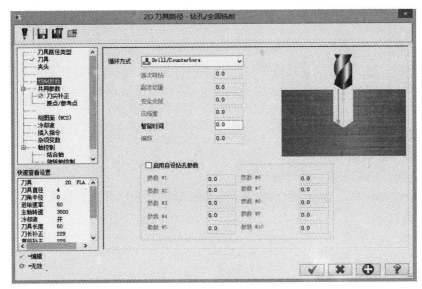

图 7 - 2 - 7 设置切削参数

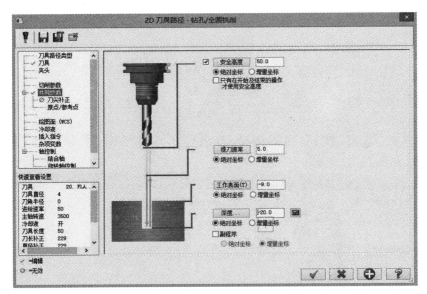

图 7 - 2 - 8 设置共同参数

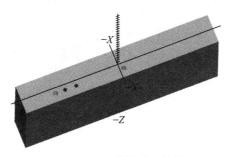

图 7 - 2 - 9 实体验证效果

步骤二、选择加工系统

选择"机床类型"→"铣床"→"默认"命令,此时系统进入铣削加工模块。

步骤三、素材设置

选择"属性"选项下的"材料设置"命令,系统弹出"机器群组属性"对话框,选择"材料设置"选项卡,设置毛坯形状为矩形,选中"显示"选项区域中的"线架加工"单选按钮,在显示窗口中以线框形式显示毛坯。

步骤四、平面铣削加工

1. 启动平面铣加工

(1) 选择"刀具路径"→"面铣"命令。

(2) 单击"确定"按钮,在弹出的"串连选项"对话框中选择图形区所示的轮廓线,如图 7-2-10 所示。

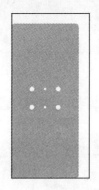

图 7-2-10　选择串连轮廓线

(3) 单击"确定"按钮,完成选择,弹出"2D 刀具路径-平面铣削"对话框,如图7-2-11 所示。

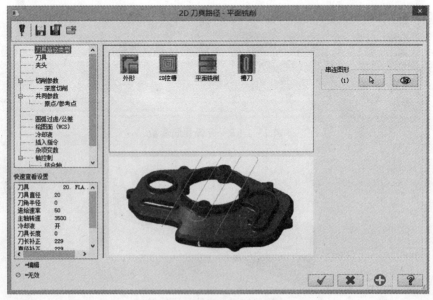

图 7-2-11　"2D 刀具路径-平面铣削"对话框

184

2. 设置加工刀具

（1）在"2D 刀具路径-平面铣削"对话框左侧的"参数类别列表"中选择"刀具"选项，出现"刀具设置"对话框，如图 7－2－12 所示。

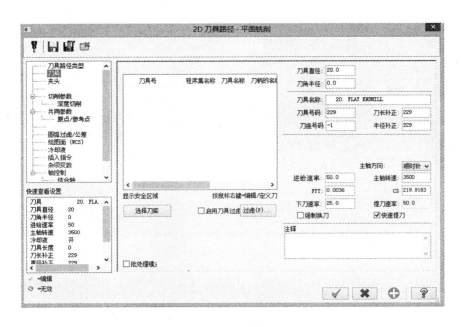

图 7－2－12 "刀具设置"对话框

（2）在对话框中右侧的空白处右击鼠标，选择"创新新刀具"按钮，弹出"定义刀具"对话框，在"类型"中选择"平底刀"，如图 7－2－13 所示。"平底刀"中输入刀具直径为 12mm，如图 7－2－14 所示。"参数"中输入数值，如图 7－2－15 所示。

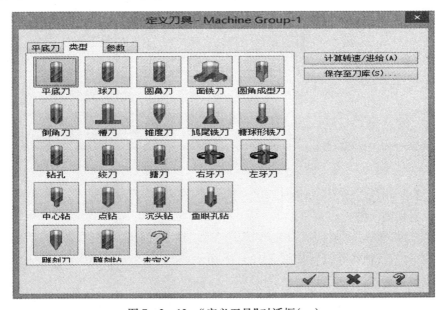

图 7－2－13 "定义刀具"对话框（一）

185

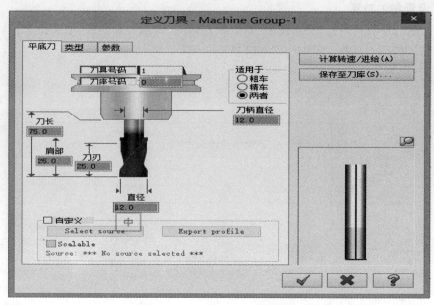

图 7 - 2 - 14 "定义刀具"对话框(二)

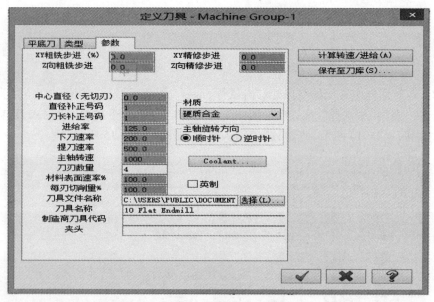

图 7 - 2 - 15 "定义刀具"对话框(三)

（3）单击"确定"按钮后,返回"2D 刀具路径-平面铣削"对话框。

3. 设置切削参数

在左侧的"参数类别列表"中选择"切削参数"选项,弹出"切削参数"对话框,走刀类型设为"单向",其他参数设置如图 7 - 2 - 16 所示。

4. 设置平面加工高度参数

在左侧的"参数类别列表"中选中"共同参数"节点,设置高度参数,如图 7 - 2 - 17所示。

186

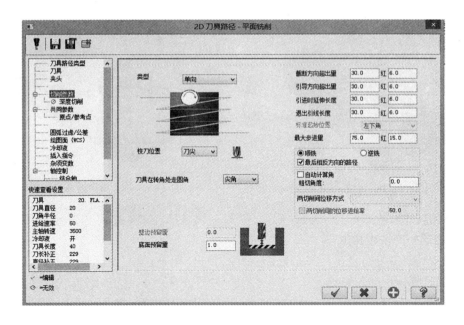

图 7 - 2 - 16　"切削参数"选项

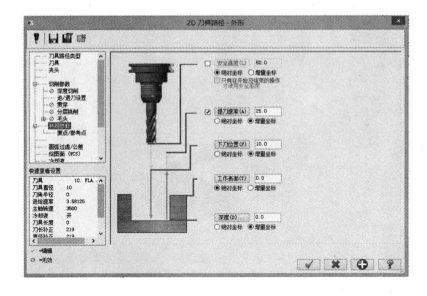

图 7 - 2 - 17　设置高度参数

5. 生成刀具路径并验证

（1）完成加工参数设置后，产生加工刀具路径，如图 7 - 2 - 18 所示。然后单击"操作管理器"中的"实体加工验证" 🔘 按钮，系统将弹出"验证"对话框，单击 ▶ 按钮，模拟结果如图 7 - 2 - 19 所示。

（2）单击"验证"对话框的"确定"按钮，结束模拟操作。然后单击"操作管理器"中的"关闭刀具路径显示" ≈ 按钮，关闭加工刀具路径的显示，为后续加工操作做好准备。

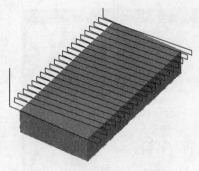

图 7-2-18　生成刀具路径

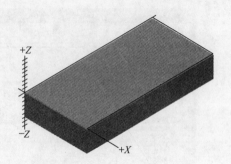

图 7-2-19　平面实体验证效果

步骤五、外形轮廓加工

1. 启动外形铣削加工

（1）选择"刀具路径"→"外形铣削"命令,弹出"串连选项"对话框,选择"2D"和"串连选项",选择矩形的轮廓线。

（2）单击"串连选项"对话框中的"确定"按钮,弹出"2D 刀具路径-外形铣削"对话框,如图 7-2-20 所示。

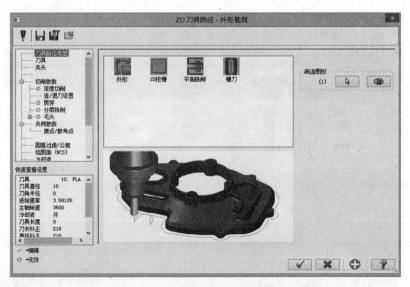

图 7-2-20　"2D 刀具路径-外形铣削"对话框

2. 设置加工刀具

在"2D 刀具路径-外形铣削"对话框左侧的"参数类别列表"中选择"刀具"选项,出现"刀具设置"对话框,仍选择刀具直径为 12mm 的平底刀,设置"进给速率""主轴转速""下刀速率"和"提刀速率",如图 7-2-21 所示。

3. 设置切削参数

在左侧的"参数类别列表"中选择"切削参数"选项,弹出"切削参数"对话框,设置相关参数,如图 7-2-22 所示。

4. 设置外形铣削高度参数

在左侧的"参数类别列表"中选中"共同参数"节点,设置高度参数,如图 7-2-23 所示。

188

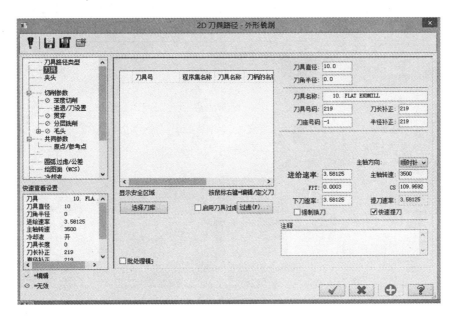

图 7-2-21 "刀具设置"对话框

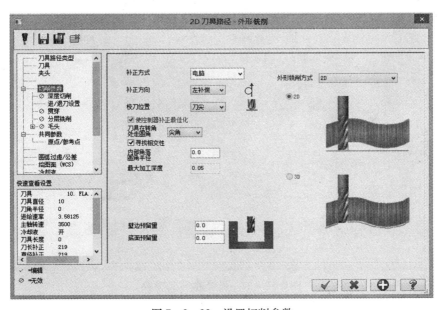

图 7-2-22 设置切削参数

5. 进/退刀设置

在左侧的"参数类别列表"中选择"进/退刀设置"选项,弹出"进/退刀设置"对话框。设置"进刀"中的切入直线长度为"5",退刀长度为"5"。圆弧半径进刀为"0",退刀为"0"。其余参数如图 7-2-24 所示。

6. 生成刀具路径并验证

(1) 完成加工参数设置后,产生加工刀具路径。然后单击"操作管理器"中的"实体加工验证" ![按钮] 按钮,系统弹出"验证"对话框,单击![按钮]按钮,模拟结果如图 7-2-25 所示。

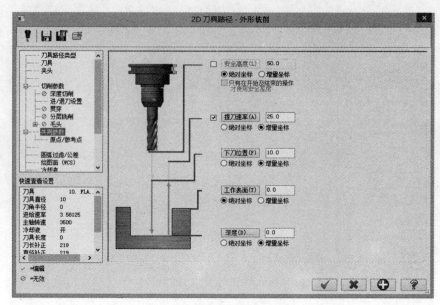

图 7-2-23　设置高度参数

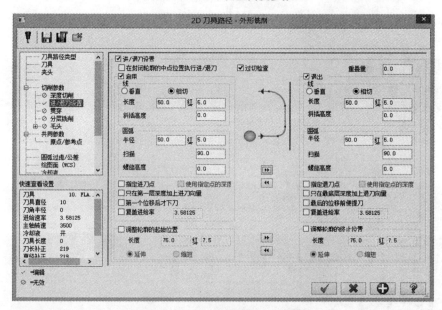

图 7-2-24　设置进/退刀参数

图 7-2-25　矩形实体验证效果

190

（2）单击"验证"对话框中的"确定"按钮,结束模拟操作。然后单击"操作管理器"中的"关闭刀具路径显示" ≈ 按钮,关闭加工刀具路径的显示,为后续加工操作做好准备。

7.2.3 手机装配模具——第三面加工

步骤一、打开文件,正面加工

（1）在状态栏处左击"层别",出现如图7-2-26所示的界面。将图层2设为当前图层,如图7-2-27所示。

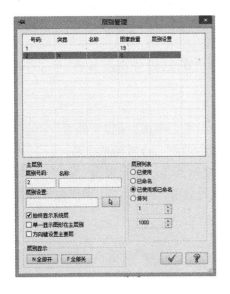
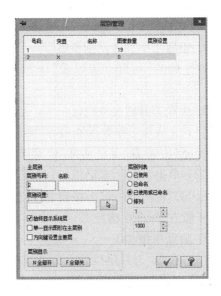

图7-2-26 层别管理　　　　图7-2-27 设置图层2为当前图层

（2）单击"打开"对话框中的"确定"按钮,将该图层的文件打开。单击工具栏上的"等角视图"按钮。

步骤二、选择加工系统

选择"机床类型"→"铣床"→"默认"命令,此时系统进入铣削加工模块。

步骤三、素材设置

选择"属性"选项下的"材料设置"命令,系统弹出"机器群组属性"对话框,选择"材料设置"选项卡,设置毛坯形状为矩形,选中"显示"选项区域中的"线架加工"单选按钮,在显示窗口中以线框形式显示毛坯。

步骤四、平面铣削加工

1. 启动面铣加工

（1）选择"刀具路径"→"面铣"命令,单击"确定"按钮。

（2）单击"确定"按钮,在弹出的"串连选项"对话框中选择矩形轮廓的轮廓线。

（3）单击"确定"按钮,完成选择,弹出"2D刀具路径-平面铣削"对话框。

2. 设置加工刀具

（1）在"2D 刀具路径-平面铣削"对话框左侧的"参数类别列表"中选择"刀具"选项，出现"刀具设置"对话框。

（2）在对话框中右侧的空白处右击鼠标，选择"创新新刀具"按钮，弹出"定义刀具"对话框，在"类型"中选择"平底刀"，"平底刀"中输入刀具直径为 12mm，"参数"中输入数值。

（3）单击"确定"按钮确定后，返回"2D 刀具路径-平面铣削"对话框。

3. 设置切削参数

在左侧的"参数类别列表"中选择"切削参数"选项，弹出"切削参数"对话框，走刀类型设为"单向"。

4. 设置平面加工高度参数

在左侧的"参数类别列表"中选中"共同参数"节点，设置高度参数，单击"确定"按钮。

5. 生成刀具路径并验证

（1）完成加工参数设置后，产生加工刀具路径。然后单击"操作管理器"中的"实体加工验证"按钮 ⬡，系统将弹出"验证"对话框，单击 ▶ 按钮，查看模拟结果。

（2）单击"验证"对话框的"确定"按钮，结束模拟操作。然后单击"操作管理器"中的"关闭刀具路径显示" ≋ 按钮，关闭加工刀具路径的显示，为后续加工操作做好准备。

步骤五、标准挖槽加工

1. 启动挖槽加工

（1）选择"刀具路径"→"标准挖槽"命令，弹出"串连选项"对话框，选择"2D"和"串连选项"，选择如图 7-2-28 所示的轮廓线。

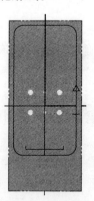

图 7-2-28　选择轮廓线

（2）单击"串连选项"对话框中的"确定"按钮，弹出"2D 刀具路径-标准挖槽"对话框，如图 7-2-29 所示。

2. 设置加工刀具

在"2D 刀具路径-标准挖槽"对话框左侧的"参数类别列表"中选择"刀具"选项，出现"刀具设置"对话框，选择刀具直径为 8mm 的平底刀，设置"进给速率""主轴转速""下刀速率"和"提刀速率"，如图 7-2-30 所示。

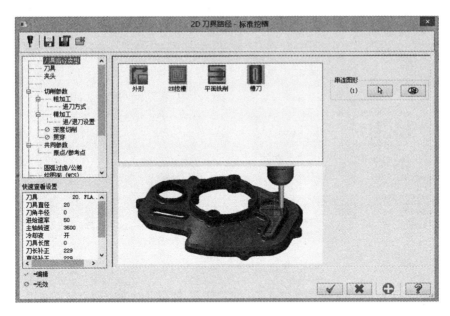

图 7-2-29 "2D 刀具路径-标准挖槽"对话框

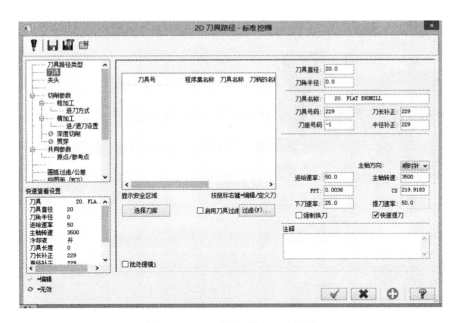

图 7-2-30 "刀具设置"对话框

3. 设置切削参数

在左侧的"参数类别列表"中选择"切削参数"选项,弹出"切削参数"对话框,设置相关参数,如图 7-2-31 所示。

4. 设置挖槽铣削高度参数

在左侧的"参数类别列表"中选中"共同参数"节点,设置高度参数,如图 7-2-32 所示。

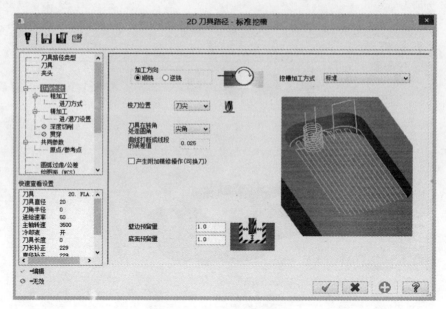

图 7 - 2 - 31　设置切削参数

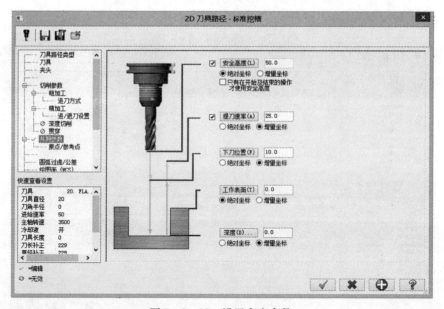

图 7 - 2 - 32　设置高度参数

5. 设置粗加工参数

在左侧的"参数类别列表"中选择"粗加工"选项,设置粗加工参数,如图 7 - 2 - 33 所示。

6. 设置精加工参数

(1) 在左侧的"参数类别列表"中选择"精加工"选项,设置精加工参数,如图 7 - 2 - 34 所示。

(2) 设置精加工进/退刀。在左侧的"参数类别列表"中选择"进/退刀设置"选项,设

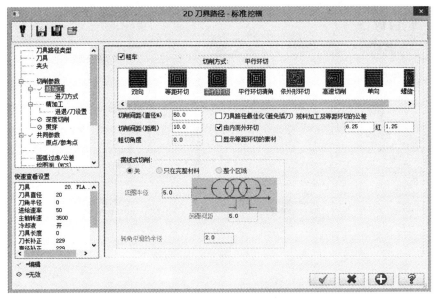

图 7 - 2 - 33　设置粗加工参数

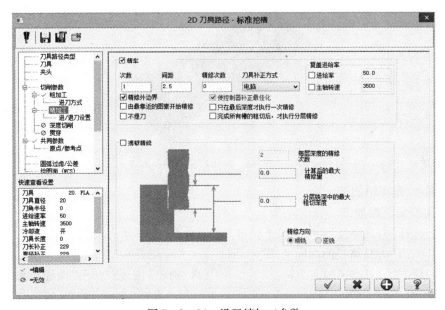

图 7 - 2 - 34　设置精加工参数

置精加工进/退刀参数,如图 7 - 2 - 35 所示。

（3）单击"确定"按钮,完成所有加工参数设置。

7. 生成刀具路径并验证

（1）完成加工参数设置后,产生加工刀具路径。然后单击"操作管理器"中的"实体加工验证" 🔲 按钮,系统弹出"验证"对话框,单击 ▶ 按钮,模拟结果如图 7 - 2 - 36 所示。

（2）单击"验证"对话框中的"确定"按钮,结束模拟操作。然后单击"操作管理器"中的"关闭刀具路径显示" ≋ 按钮,关闭加工刀具路径的显示,为后续加工操作做好准备。

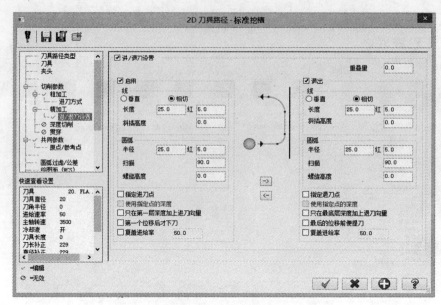

图 7-2-35　设置精加工进/退刀参数

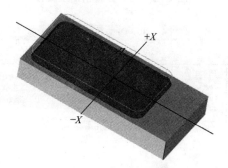

图 7-2-36　实体验证效果(一)

步骤六、曲面粗加工

1. 启动曲面粗加工

(1) 选择"刀具路径"→"粗加工挖槽加工"命令,选择所有要加工的曲面,单击"确定"按钮,弹出"刀具路径的曲面选择"对话框。

(2) 单击"刀具路径的曲面选择"对话框中的"确定"按钮。弹出"曲面粗加工挖槽"对话框,如图 7-2-37 所示。

2. 设置加工刀具

在"曲面粗加工挖槽"对话框左侧的"参数类别列表"中选择"曲面参数"选项,出现"刀具设置"对话框,参数如图 7-2-38 所示。

3. 设置粗加工参数

在左侧的"参数类别列表"中选择"粗加工参数"选项,弹出"切削参数"对话框,设置相关参数,如图 7-2-39 所示。

4. 设置挖槽参数

在左侧的"参数类别列表"中选中"挖槽参数"节点,设置挖槽参数,如图 7-2-40 所示,单击"确定"按钮。

196

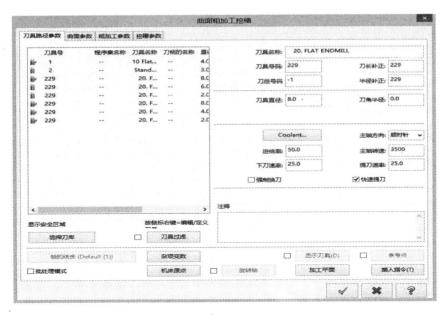

图 7 - 2 - 37 "曲面粗加工挖槽"对话框

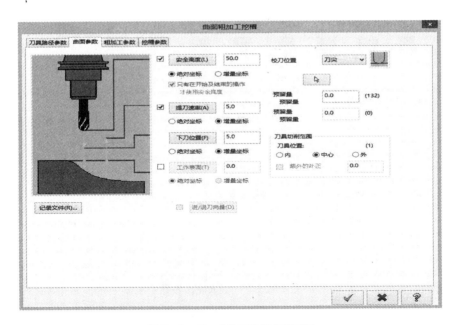

图 7 - 2 - 38 "曲面参数"对话框

5. 生成刀具路径并验证

(1) 完成加工参数设置后,产生加工刀具路径。然后单击"操作管理器"中的"实体加工验证" 🔷 按钮,系统弹出"验证"对话框,单击 ▶ 按钮,模拟结果如图 7 - 2 - 41 所示。

(2) 单击"验证"对话框中的"确定"按钮,结束模拟操作。然后单击"操作管理器"中的"关闭刀具路径显示" ≈ 按钮,关闭加工刀具路径的显示,为后续加工操作做好准备。

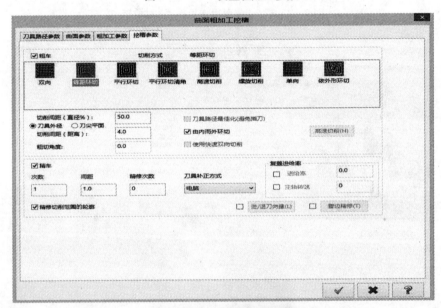

图 7-2-39 设置粗加工参数

图 7-2-40 设置挖槽参数

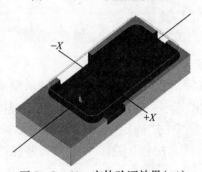

图 7-2-41 实体验证效果(二)

步骤七、曲面1精加工

1. 启动曲面精加工

（1）选择"刀具路径"→"精加工流线加工"命令,选择要加工的曲面,如图7-2-42所示。单击"确定"按钮,在弹出的"刀具路径的曲面选取"对话框中,单击"选择干涉面",如图7-2-43所示。单击"确定"按钮,弹出"流线设置"对话框,设置相关参数,单击"确定"按钮。

图7-2-42 选择加工曲面

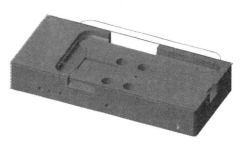
图7-2-43 选择干涉面

（2）弹出"曲面精加工流线"对话框,设置刀具路径参数,如图7-2-44所示。

图7-2-44 设置刀具路径参数

（3）单击"曲面精加工流线"对话框中的"曲面参数",如图7-2-45所示。

（4）单击"曲面精加工流线"对话框中的"曲面流线精加工参数",如图7-2-46所示。单击"确定"按钮。

2. 生成刀具路径并验证

（1）完成加工参数设置后,产生加工刀具路径。然后单击"操作管理器"中的"实体加工验证" 🎱 按钮,系统弹出"验证"对话框,单击 ▶ 按钮,模拟结果如图7-2-47所示。

（2）单击"验证"对话框中的"确定"按钮,结束模拟操作。然后单击"操作管理器"中的"关闭刀具路径显示" ≈ 按钮,关闭加工刀具路径的显示,为后续加工操作做好准备。

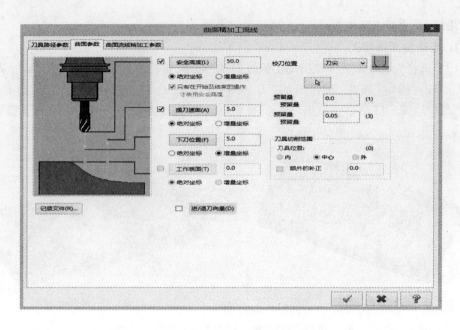

图 7 - 2 - 45　设置曲面参数

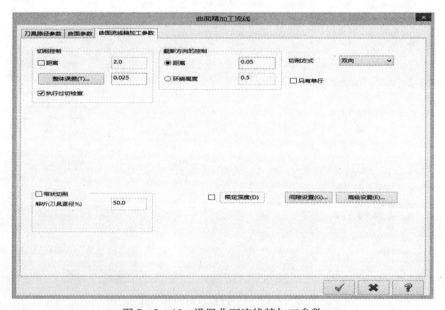

图 7 - 2 - 46　设置曲面流线精加工参数

步骤八、曲面 2、3、4 精加工

选择相应的需要加工的曲面,方法如同步骤七。下面仅显示加工后的效果。

(1) 完成加工参数设置后,产生加工刀具路径。然后单击"操作管理器"中的"实体加工验证" 按钮,系统弹出"验证"对话框,单击 按钮,模拟结果如图 7 - 2 - 48 所示。

(2) 单击"验证"对话框中的"确定"按钮,结束模拟操作。然后单击"操作管理器"中的"关闭刀具路径显示" 按钮,关闭加工刀具路径的显示,为后续加工操作做好准备。

200

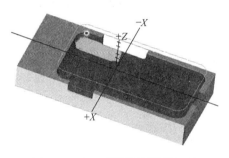

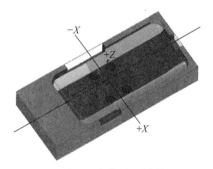

图 7 - 2 - 47　实体验证效果(三)　　　　图 7 - 2 - 48　实体验证效果(四)

步骤九、曲面5精加工

1. 启动曲面精加工

(1)选择"刀具路径"→"精加工流线加工"命令,选择要加工的曲面,如图 7 - 2 - 49 所示。单击"确定"按钮,在弹出的"刀具路径的曲面选取"对话框中,单击"选择干涉面",如图 7 - 2 - 50 所示。单击"确定",弹出"流线设置"对话框,设置相关参数,单击"确定"按钮。

图 7 - 2 - 49　选择加工曲面　　　　图 7 - 2 - 50　选择干涉面

(2)弹出"曲面精加工流线"对话框,设置刀具路径参数,如图 7 - 2 - 51 所示。

图 7 - 2 - 51　设置刀具路径参数

（3）单击"曲面精加工流线"对话框中的"曲面参数"，如图7-2-52所示。

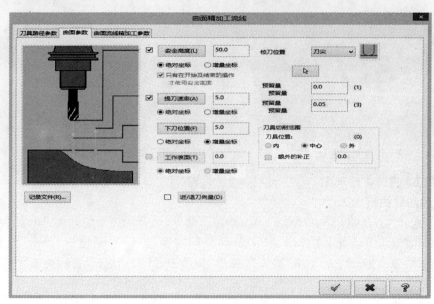

图7-2-52　设置曲面参数

（4）单击"曲面精加工流线"对话框中的"曲面流线精加工参数"，如图7-2-53所示。单击"确定"按钮。

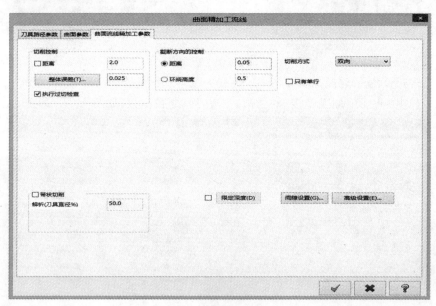

图7-2-53　设置曲面流线精加工参数

2. 生成刀具路径并验证

（1）完成加工参数设置后，产生加工刀具路径。然后单击"操作管理器"中的"实体加工验证"按钮 ，系统弹出"验证"对话框，单击 按钮，模拟结果如图7-2-54所示。

（2）单击"验证"对话框中的"确定"按钮，结束模拟操作。然后单击"操作管理器"

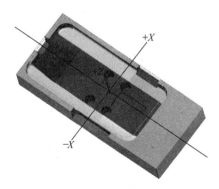

图 7 - 2 - 54　实体验证效果(五)

中的"关闭刀具路径显示" ≈ 按钮,关闭加工刀具路径的显示,为后续加工操作做好准备。

步骤十、曲面 6 精加工

1. 启动曲面精加工

(1)选择"刀具路径"→"精加工流线加工"命令,选择要加工的曲面,如图 7 - 2 - 55 所示。单击"确定"按钮,在弹出的"刀具路径的曲面选取"对话框中,单击"选择干涉面",如图 7 - 2 - 56 所示。单击"确定"按钮,弹出"流线设置"对话框,设置相关参数,单击"确定"按钮。

(2)设置如同前面。

2. 生成刀具路径并验证

(1)完成加工参数设置后,产生加工刀具路径。然后单击"操作管理器"中的"实体加工验证" ⬢ 按钮,系统弹出"验证"对话框,单击 ▶ 按钮,模拟结果如图 7 - 2 - 57 所示。

图 7 - 2 - 55　选择加工曲面(一)

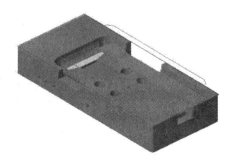

图 7 - 2 - 56　选择干涉面(一)

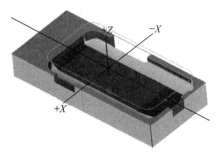

图 7 - 2 - 57　实体验证效果(六)

（2）单击"验证"对话框中的"确定"按钮,结束模拟操作。然后单击"操作管理器"中的"关闭刀具路径显示" ≈ 按钮,关闭加工刀具路径的显示,为后续加工操作做好准备。

步骤十一、曲面7精加工

1. 启动曲面精加工

（1）选择"刀具路径"→"精加工流线加工"命令,选择要加工的曲面,如图7-2-58所示。单击"确定",在弹出的"刀具路径的曲面选取"对话框中,单击"选择干涉面",如图7-2-59所示。单击"确定"按钮,弹出"流线设置"对话框,设置相关参数,单击"确定"按钮。

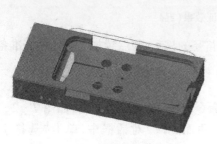

图7-2-58 选择加工曲面(二)

图7-2-59 选择干涉面(二)

（2）设置如同前面。

2. 生成刀具路径并验证

（1）完成加工参数设置后,产生加工刀具路径。然后单击"操作管理器"中的"实体加工验证" ⬣ 按钮,系统弹出"验证"对话框,单击 ▶ 按钮,模拟结果如图7-2-60所示。

（2）单击"验证"对话框中的"确定"按钮,结束模拟操作。然后单击"操作管理器"中的"关闭刀具路径显示" ≈ 按钮,关闭加工刀具路径的显示,为后续加工操作做好准备。

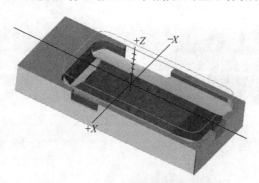

图7-2-60 实体验证效果(七)

步骤十二、曲面8精加工

1. 启动曲面精加工

（1）选择"刀具路径"→"精加工流线加工"命令,选择要加工的曲面,如图7-2-61所示。单击"确定"按钮,在弹出的"刀具路径的曲面选取"对话框中,单击"选择干涉面",如图7-2-62所示。单击"确定"按钮,弹出"流线设置"对话框,设置相关参数,单击"确定"按钮。

图 7 - 2 - 61　选择加工曲面(三)　　　　图 7 - 2 - 62　选择干涉面(三)

(2) 设置如同前面。

2. 生成刀具路径并验证

(1) 完成加工参数设置后,产生加工刀具路径。然后单击"操作管理器"中的"实体加工验证" ![按钮] 按钮,系统弹出"验证"对话框,单击 ![按钮] 按钮,模拟结果如图 7 - 2 - 63 所示。

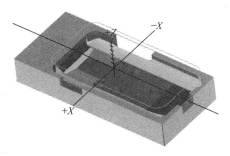

图 7 - 2 - 63　实体验证效果(八)

(2) 单击"验证"对话框中的"确定"按钮,结束模拟操作。然后单击"操作管理器"中的"关闭刀具路径显示" ≈ 按钮,关闭加工刀具路径的显示,为后续加工操作做好准备。

步骤十三、曲面 9 精加工

1. 启动曲面精加工

(1) 选择"刀具路径"→"精加工流线加工"命令,选择要加工的曲面,如图 7 - 2 - 64 所示。单击"确定"按钮,在弹出的"刀具路径的曲面选取"对话框中,单击"选择干涉面",如图 7 - 2 - 65 所示。单击"确定"按钮,弹出"流线设置"对话框,设置相关参数,单击"确定"按钮。

图 7 - 2 - 64　选择加工曲面(四)　　　　图 7 - 2 - 65　选择干涉面(四)

（2）设置如同前面。

2. 生成刀具路径并验证

（1）完成加工参数设置后，产生加工刀具路径。然后单击"操作管理器"中的"实体加工验证" ◈ 按钮，系统弹出"验证"对话框，单击 ▶ 按钮，模拟结果如图7-2-66所示。

（2）单击"验证"对话框中的"确定"按钮，结束模拟操作。然后单击"操作管理器"中的"关闭刀具路径显示" ≈ 按钮，关闭加工刀具路径的显示，为后续加工操作做好准备。

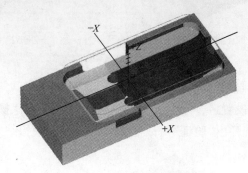

图7-2-66　实体验证效果（九）

步骤十四、精加工开口槽1

1. 绘制开口槽1的边界线

单击菜单栏中的"绘图"，选择"曲面曲线"→"单一边界"，绘制出开口槽1的边界线。如图7-2-67所示。

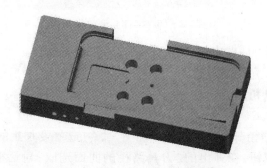

图7-2-67　开口槽1的边界线

2. 开启等高外形加工

（1）选择"刀具路径"→"外形铣削"命令，弹出"串联选项"对话框，如图7-2-68所示。选择边界线，如图7-2-69所示。

（2）单击"确定"按钮，弹出"2D刀具路径-外形"对话框，如图7-2-70所示。

（3）单击"2D刀具路径-外形"对话框中的"刀具"，选择刀具直径为4mm的平底刀，弹出"定义刀具"对话框，设置相应的参数，单击"确定"按钮，如图7-2-71所示。

（4）单击"2D刀具路径-外形"对话框中的"切削参数"，设置相应的参数，如图7-2-72所示。

（5）单击"2D刀具路径-外形"对话框中的"共同参数"，设置相应的参数，如图7-2-73所示。单击"确定"按钮。

206

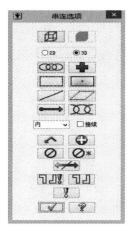

图 7-2-68 "串联选项"对话框

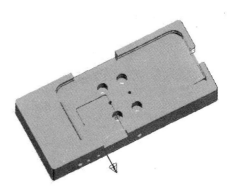

图 7-2-69 选择边界线

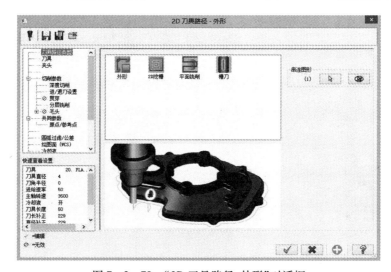

图 7-2-70 "2D刀具路径-外形"对话框

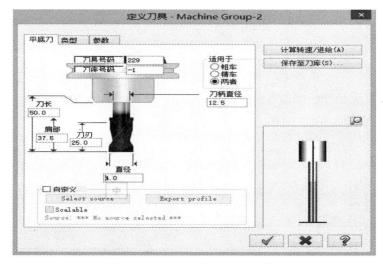

图 7-2-71 "定义刀具"对话框

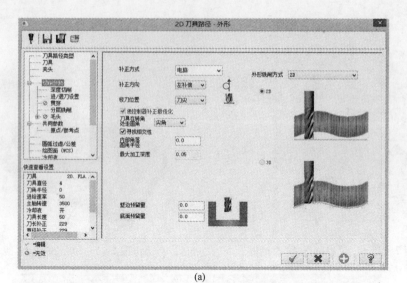

(a)

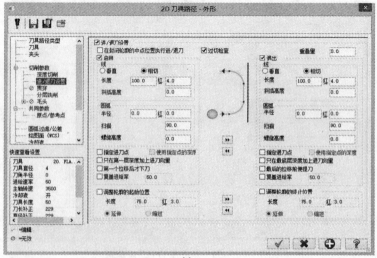

(b)

(c)

208

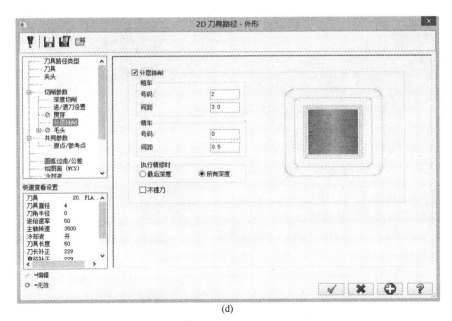

(d)

图 7 - 2 - 72　设置"切削参数"

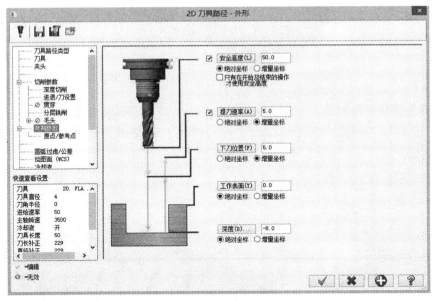

图 7 - 2 - 73　设置共同参数

3. 生成刀具路径并验证

（1）完成加工参数设置后,产生加工刀具路径,如图 7 - 2 - 74 所示。然后单击"操作管理器"中的"实体加工验证" 🔲 按钮,系统弹出"验证"对话框,单击 ▶ 按钮,模拟结果如图 7 - 2 - 75 所示。

（2）单击"验证"对话框中的按钮,结束模拟操作。然后单击"操作管理器"中的"关闭刀具路径显示" ≋ 按钮,关闭加工刀具路径的显示,为后续加工操作做好准备。

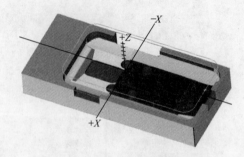

图7-2-74　刀具路径图(一)　　　　　　图7-2-75　实体验证效果(十)

步骤十五、精加工开口槽2

1. 绘制开口槽2的边界线

单击菜单栏中的"绘图",选择"曲面曲线"→"单一边界",绘制出开口槽2的边界线。如图7-2-76所示。

图7-2-76　开口槽2的边界线

2. 开启等高外形加工

(1)选择"刀具路径"→"外形铣削"命令,弹出"串联选项"对话框,如图7-2-77所示。选择边界线,如图7-2-78所示。

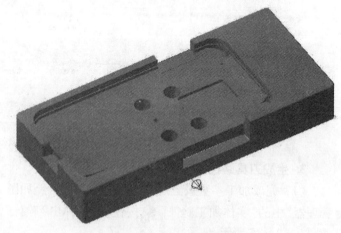

图7-2-77　"串联选项"对话框　　　　　图7-2-78　选择边界线

(2)单击"确定"按钮,弹出"2D刀具路径-外形"对话框,如图7-2-79所示。

210

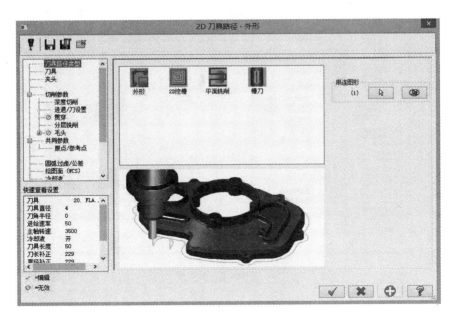

图 7 - 2 - 79　"2D 刀具路径-外形"对话框

（3）单击"2D 刀具路径-外形"对话框中的"刀具"，选择刀具直径为 4mm 的平底刀，弹出"定义刀具"对话框，设置相应的参数，单击"确定"按钮，如图 7 - 2 - 80 所示。

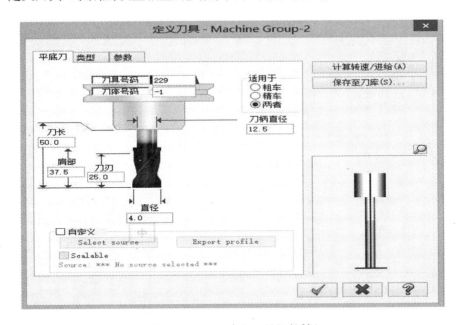

图 7 - 2 - 80　"定义刀具"对话框

（4）单击"2D 刀具路径-外形"对话框中的"切削参数"，设置相应的参数，如图 7 - 2 - 72 所示。

（5）单击"2D 刀具路径-外形"对话框中的"共同参数"，设置相应的参数，如图 7 - 2 - 81所示。单击"确定"。

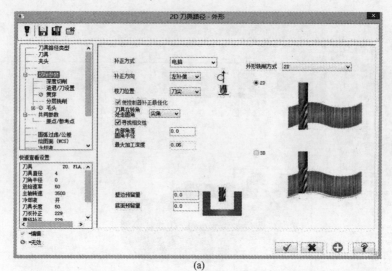

(a)

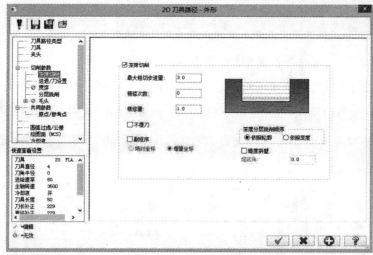

(b)

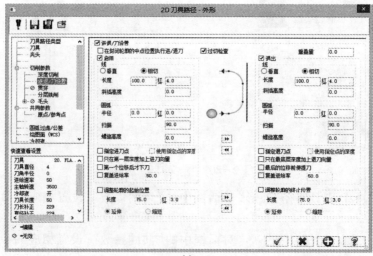

(c)

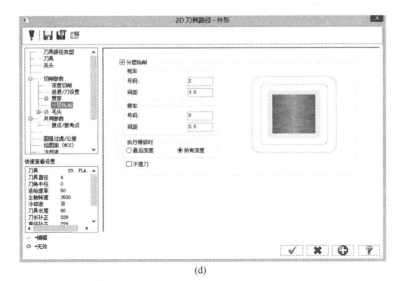

(d)

(e)

图 7 - 2 - 81　设置共同参数

3. 生成刀具路径并验证

（1）完成加工参数设置后，产生加工刀具路径，如图 7 - 2 - 82 所示。然后单击"操作管理器"中的"实体加工验证" 🔲 按钮，系统弹出"验证"对话框，单击 ▶ 按钮，模拟结果如图 7 - 2 - 83 所示。

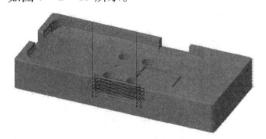

图 7 - 2 - 82　刀具路径（二）

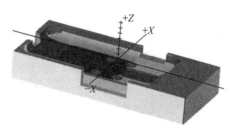

图 7 - 2 - 83　实体验证效果（十一）

213

（2）单击"验证"对话框中的按钮，结束模拟操作。然后单击"操作管理器"中的"关闭刀具路径显示" ≈ 按钮，关闭加工刀具路径的显示，为后续加工操作做好准备。

步骤十六、精加工开口槽3

1. 绘制开口槽3的边界线

单击菜单栏中的"绘图"，选择"曲面曲线"→"单一边界"，绘制出开口槽3的边界线，如图7-2-84所示。

2. 开启等高外形加工

（1）选择"刀具路径"→"外形铣削"命令，弹出"串联选项"对话框选择边界线，如图7-2-85所示。

图7-2-84 开口槽3的边界线

图7-2-85 选择边界线

（2）单击"确定"按钮，弹出"2D刀具路径-外形"对话框。（具体步骤方法同上）

（3）单击"2D刀具路径-外形"对话框中的"刀具"，选择刀具直径为4mm的平底刀，弹出"定义刀具"对话框，设置相应的参数，单击"确定"按钮。

（4）单击"2D刀具路径-外形"对话框中的"切削参数"，设置相应的参数。

（5）单击"2D刀具路径-外形"对话框中的"共同参数"，设置相应的参数，单击"确定"按钮。

3. 生成刀具路径并验证

（1）完成加工参数设置后，产生加工刀具路径，如图7-2-86所示。然后单击"操作管理器"中的"实体加工验证" 🔷 按钮，系统弹出"验证"对话框，单击 ▶ 按钮，模拟结果，如图7-2-87所示。

图7-2-86 刀具路径（三）

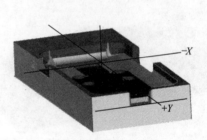

图7-2-87 实体验证效果（十二）

214

（2）单击"验证"对话框中的按钮,结束模拟操作。然后单击"操作管理器"中的"关闭刀具路径显示" ≈ 按钮,关闭加工刀具路径的显示,为后续加工操作做好准备。

4. 启动曲面精加工

（1）单击菜单栏中的"刀具路径",选择"曲面精加工"→"精加工流线加工"。

（2）选择加工曲面,如图7-2-88所示。

（3）单击"确定",弹出"流线设置"对话框,如图7-2-89所示,并设置其中相应的参数。

图7-2-88　选择加工曲面

图7-2-89　"流线设置"对话框

（4）单击"确定"按钮,弹出"曲面精加工流线"对话框,如图7-2-90所示。

（5）单击"曲面精加工流线"对话框中的"曲面参数",设置相关参数,如图7-2-91所示。

（6）单击"曲面精加工流线"对话框中的"曲面流线精加工参数",设置相关参数,如图7-2-92所示。单击"确定"按钮。

图7-2-90　"曲面精加工流线"对话框

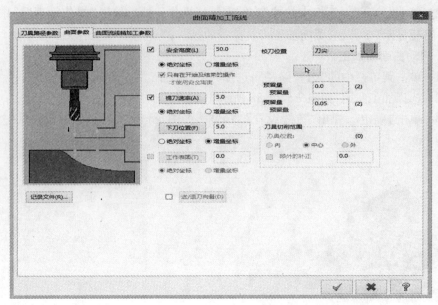

图 7-2-91　设置曲面参数

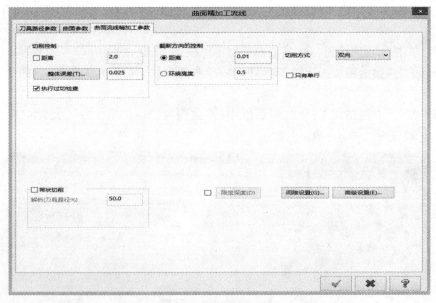

图 7-2-92　设置曲面流线精加工参数

5. 生成刀具路径并验证

（1）完成加工参数设置后，产生加工刀具路径，如图 7-2-93 所示。然后单击"操作管理器"中的"实体加工验证" 按钮，系统弹出"验证"对话框，单击 按钮，模拟结果如图 7-2-94 所示。

（2）单击"验证"对话框中的按钮，结束模拟操作。然后单击"操作管理器"中的"关闭刀具路径显示" 按钮，关闭加工刀具路径的显示，为后续加工操作做好准备。

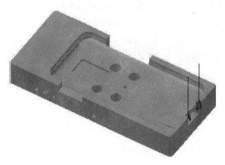

图 7-2-93 刀具路径(四)

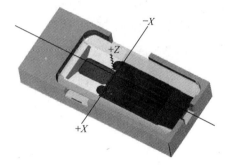

图 7-2-94 实体验证效果(十三)

步骤十七、四个大孔加工

(1) 绘制曲面上的四个大孔的边界线,如图 7-2-95 所示。

(2) 单击菜单栏中的"刀具路径",选择"钻孔",弹出"选取钻孔的点"对话框,如图 7-2-96 所示。

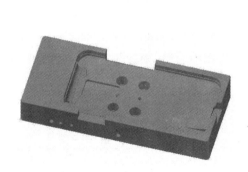

图 7-2-95 绘制边界线

图 7-2-96 "选取钻孔的点"对话框

(3) 单击 4 个孔的圆心,单击"确定"按钮,弹出"2D-刀具路径-钻孔/全圆铣削"对话框,如图 7-2-97 所示。

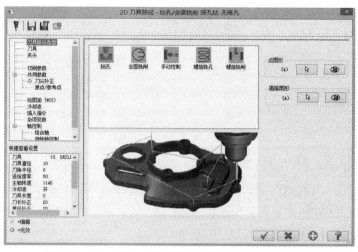

图 7-2-97 "2D-刀具路径-钻孔/全圆铣削"对话框

217

（4）单击"2D－刀具路径－钻孔／全圆铣削"对话框中的"刀具"按钮,弹出"定义刀具"对话框,设置相应的参数,如图7－2－98所示。

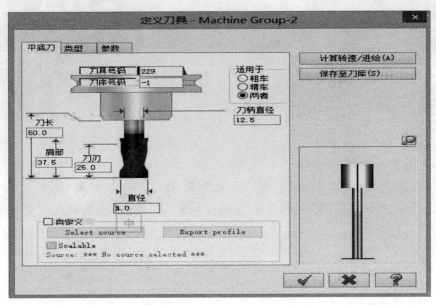

图7－2－98　"定义刀具"对话框

（5）单击"2D－刀具路径－钻孔／全圆铣削"对话框中的"切削参数"按钮,设置相应的参数,如图7－2－99所示。

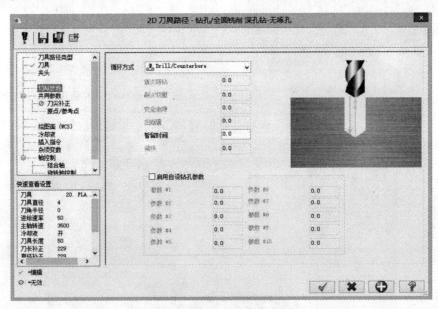

图7－2－99　设置切削参数

（6）单击"2D－刀具路径－钻孔／全圆铣削"对话框中的"共同参数"按钮,设置相应的参数,如图7－2－100所示。单击"确定"按钮。

（7）生成刀具路径并验证。

218

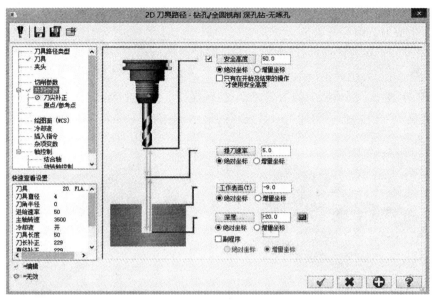

图 7-2-100 设置共同参数

① 完成加工参数设置后,产生加工刀具路径。然后单击"操作管理器"中的"实体加工验证"按钮 ⬛ ,系统弹出"验证"对话框,单击 ▶ 按钮,模拟结果如图 7-2-101 所示。

② 单击"验证"对话框中的按钮,结束模拟操作。然后单击"操作管理器"中的"关闭刀具路径显示"按钮 ≈ ,关闭加工刀具路径的显示,为后续加工操作做好准备。

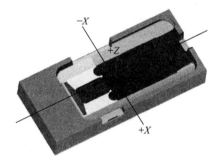

图 7-2-101 实体验证效果(十四)

步骤十八、两个小孔加工

(1) 绘制曲面上的 2 个小孔的边界线,如图 7-2-102 所示。

(2) 单击菜单栏中的"刀具路径",选择"钻孔",弹出"选取钻孔的点"对话框。

(3) 单击 2 个孔的圆心,单击"确定",弹出"2D-刀具路径-钻孔/全圆铣削"对话框。

(4) 单击"2D-刀具路径-钻孔/全圆铣削"对话框中的"刀具"按钮,弹出"定义刀具"对话框,设置相应的参数。

(5) 单击"2D-刀具路径-钻孔/全圆铣削"对话框中的"切削参数"按钮,设置相应的参数。

单击"确定"按钮

(6) 单击"2D-刀具路径-钻孔/全圆铣削"对话框中的"共同参数"按钮,设置相应的

219

参数,单击"确定"按钮。

（7）生成刀具路径并验证。

① 完成加工参数设置后,产生加工刀具路径。然后单击"操作管理器"中的"实体加工验证" 🔶 按钮,系统弹出"验证"对话框,单击 ▶ 按钮,模拟结果如图 7 - 2 - 103 所示。

② 单击"验证"对话框中的按钮,结束模拟操作。然后单击"操作管理器"中的"关闭刀具路径显示" ≈ 按钮,关闭加工刀具路径的显示,手机装配模具加工完成。

图 7 - 2 - 102　绘制边界线

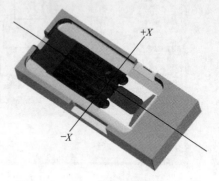

图 7 - 2 - 103　实体验证效果(十五)

第 8 章
鼠标壳建模与加工

▶ **本章要点**

鼠标壳模型包含内部曲面和外部曲面,通过图纸分析不难看出鼠标内外部曲面存在等距关系,因此建模时采用抽壳方式可以简化建模难度。另外可以采用曲面裁剪实体的方式得到鼠标上表面。通过本章的学习应重点掌握鼠标壳的建模方法及加工工艺。

▶ **零件图分析**

图 8-1-1 为三维零件鼠标模型,三维零件鼠标模型由正面和反面两部分组成。

图 8-1-1 鼠标壳模型

8.1 鼠标壳建模

8.1.1 鼠标壳建模工艺分析

建模前首先要明确创建模型的工艺路线,复杂配合件的建模工艺路线如图 8-1-2 所示。

8.1.2 外部曲面建模

1. 新建一个图形文件

在工具栏中单击"新建"按钮,或者从菜单栏中选择"文件"→"新建文件"命令,从而新建一个 Mastercam X7 文件。

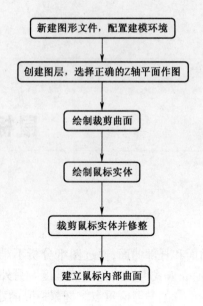

图 8-1-2 鼠标壳建模工艺路线

2. 相关属性状态设置

默认的绘图面为俯视图,构图深度 Z 值为"0",图层为"1"。

3. 按 F9 建立坐标轴

4. 绘制鼠标俯视图

(1) 绘制 R17 的圆:单击绘图工具栏"圆心+点"按钮,在"编辑圆心点"操作栏单击"半径"按钮,在其文本框输入"17",按"确定"按钮,绘制的圆如图 8-1-3 所示。

(2) 绘制水平线、垂直线:单击绘图工具栏绘制任意线,单击"水平键",在绘图区域的适当位置绘制一条直线,键入距离值"39",单击 Enter 键;单击"应用",单击"垂直键",在绘图区域的适当位置绘制一条直线,键入距离值"-14.5",按 Enter 键;单击"应用",在绘图区域的适当位置绘制另一条直线,键入距离值"14.5",按 Enter 键,最后单击"确定"按钮结果如图 8-1-4 所示。

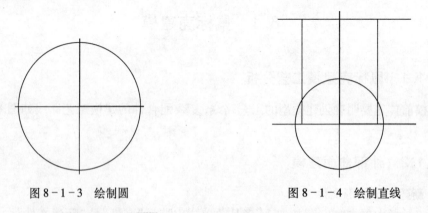

图 8-1-3 绘制圆   图 8-1-4 绘制直线

(3) 绘制圆弧并延伸:单击 ⊙▾ 下三角按钮,弹出菜单,单击"切弧",单击"切二物体"按钮,在其对话框中键入圆弧的直径"150",按 Enter 键,在绘图区域单击与圆弧相切的两个圆,选取所取的圆弧,另一个圆弧同理,单击"确定"按钮,单击"修剪/打断/延伸"按钮,单击"修剪至点",选取所需延伸的图素延伸至与水平线相交,单击"确定"按钮,另外一个同理,如图8-1-5所示。

（4）倒圆角：单击"倒圆角"按钮,单击"修建"按钮,键入半径值"8",单击需要倒角的图素,单击"应用",倒下一个圆角,同理,单击"确定"按钮。

（5）修剪：单击"修剪/打断/延伸"按钮,单击"分/删除"按钮,单击绘图区域不要的部分,按"确定"按钮,如图8-1-6所示。

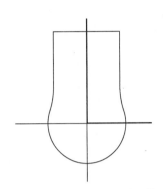

图 8-1-5　绘制圆弧并延伸

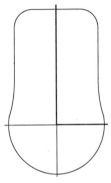

图 8-1-6　修剪图素

5. 建立实体

（1）为了方便图素的管理,建立新的层别,在 层别 2 　　　　　▼ 中输入"2",按Enter键。

（2）挤出实体：在工具栏上单击 ▣（挤出实体）按钮,弹出对话框,单击"串连",选取挤出的串连图素如图8-1-7所示,单击"确定"按钮,弹出挤出实体的设置对话框如图8-1-8所示,单击"创建主体",在"按指定的距离延伸"中"距离"填"20",看拉伸的方向是否正确,如果相反则把"更改方向"勾选上,单击"确定"按钮。

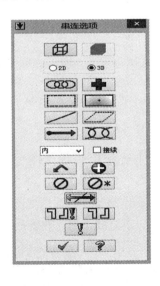

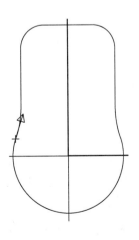

图 8-1-7　选择串连图素

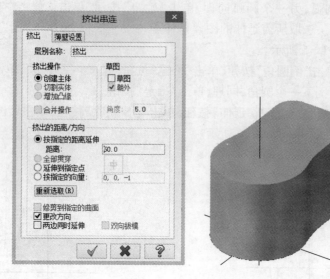

图 8-1-8　挤出实体

（3）绘制曲面：

① 我们先回到第一图层，单击"层别"，出现"层别"对话框，双击 [1] 处，使这一栏变绿，表示图层 1 是活动图层，如果不想让图层 2 的图素显示，单击图层 2 这一栏的"X"，那么它就消失了，单击"确定"按钮，如图 8-1-9 所示。

图 8-1-9　图层设置

② 绘制曲线：绘图面选为 ⊙（右视图），单击绘图工具栏绘制任意线，单击"垂直键"，在绘图区域的适当位置绘制一条直线，键入距离值 0，按 Enter 键，单击"确定"按钮。单击"平移"按钮，选取要平移的图素，按 Enter 键，弹出"平移"对话框如图 8-1-10 所示。单击复制，在 X 的方向输入"3"，单击"应用"，下一条直线选取平移 3 后的直线，相对于它平移 10，反方向输入负值，其他同理，单击"确定"按钮结束。单击绘图工具栏绘制任意线，绘制出曲线各坐标点。单击，选取手动绘制曲线，或者在绘图工具栏中直接单击 ⌐，选取各个交点，要注意出现的是交点符号"X"，按 Enter 键，单击"确定"按钮结束，如

224

图8-1-11所示。最后修剪,单击"修剪/打断/延伸"按钮,"分/删除"按钮,单击绘图区域不要的部分,单击"确定"按钮,如图8-1-12所示。

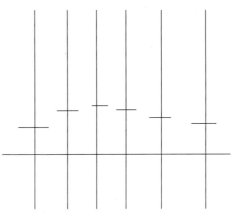

图8-1-10　绘制点

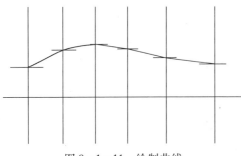

图8-1-11　绘制曲线

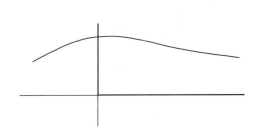

图8-1-12　修剪曲线

③ 绘制R50的圆:绘图面选为 ⬡ (前视图),单击绘图工具栏"圆心+点"按钮,先确定圆心坐标(0,-34,-3),在X,Y,Z文本框中分别输入"0,-34,-3",按Enter键,在"编辑圆心点"操作栏单击"半径"按钮,在其文本框中输入"50",单击"确定"按钮,并修剪,单击"修剪/打断/延伸"按钮,单击"修剪至点"按钮,选取图素去修剪,最后将R50的圆平移移动至Y-7,Z 21,如图8-1-13所示。

④ 扫描曲面:单击 ✐ (扫描曲面)按钮,弹出"串联选项"对话框,选取截面方向外形即R50的半圆,按Enter键,选取引导方向外形即曲线,要注意引导的方向,如相反单击 ⟷ (反向)按钮,单击"确定"键,如图8-1-14所示。

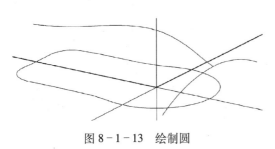

图8-1-13　绘制圆

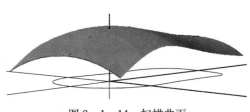

图8-1-14　扫描曲面

225

⑤ 实体修剪:首先单击 [图标]，打开"层别"对话框,在第 2 图层一栏把突显单击,显示"X",在第 1 图层里,第 2 图层的图素显示出来了,单击 [图标]（实体修剪）按钮,弹出"修剪实体"对话框,单击"曲面",选择要修整的曲面(刚刚绘制好的曲面),为了方便看清修剪方向,单击 [图标]（线架实体）按钮,要注意修剪方向指着要保留的部分,如相反单击"F 修剪另一侧"按钮,单击"确定"按钮,如图 8-1-15 所示。

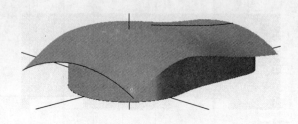

图 8-1-15 修剪实体

8.1.3 内部曲面建模

（1）实体抽壳:单击 [图标]（实体抽壳）按钮,选择要保留开启的主体和面,选择鼠标的底面,只选择 [图标],否则选择的是整体,按 Enter 键,弹出"实体抽壳"对话框,选择朝内,朝内的厚输入"2",单击"确定"按钮,如图 8-1-16 所示。

图 8-1-16 实体效果图

（2）绘制圆锥:单击"层别",出现"层别"对话框,双击 [2_____] 处,使这一栏变绿,表示图层 2 是活动图层,绘图面选为 [图标] 顶视图,单击绘图工具栏"圆心+点"按钮,先确定圆心坐标点是 $x,y(0,3)$,z 为 0,在 x,y,z 文本框中分别输入"0,3,0",按 Enter 键,在"编辑圆心点"操作栏单击"半径"按钮,在其文本框中输入"1",单击"确定"按钮。单击"平移"按钮,选取要平移的图素,平移所需的距离,具体操作见上,按 Enter 键,开始实体挤出,选取需挤出的图素,弹出对话框如图 8-1-17 所示,单击"创建实体",选择拔模,朝外勾选上,角度为"3",按指定的距离延伸距离为"11",看方向是否正确,如不正确勾选"更改方向",单击"确定"按钮,如图 8-1-18 示。

（3）实体倒圆角:单击 [图标]（实体倒圆角）按钮,注意 [图标],只选择 [图标]（边界）按钮,选取需倒圆角的图素,按 Enter 键,弹出"倒圆角"参数对话框如图 8-1-19 所示,其他不变,只填入半径值为"6",其他同理,如图 8-1-20 所示。

图 8 - 1 - 17　设置挤出参数

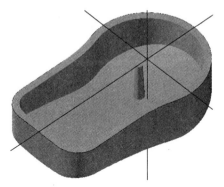

图 8 - 1 - 18　实体验证效果

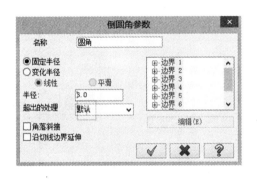

图 8 - 1 - 19　"倒圆角参数"对话框

图 8 - 1 - 20　实体验证效果

（4）平移：为了方便鼠标加工，把鼠标平移到原点下面，具体方法见上。

8.2　鼠标壳加工工艺分析

8.2.1　图纸分析

图 8 - 2 - 1 所示为鼠标零件图，该零件为一壁厚为 2mm 的壳体结构，外观面全部是曲面，曲面特征包括直纹面、扫描面和圆弧倒角面，表面有文字图案；内部特征与外观相同，增加了一锥体。

8.2.2　加工过程

图纸分析完成后进行加工过程分析，加工过程中用到的工量夹具如表 8 - 2 - 1 所列。

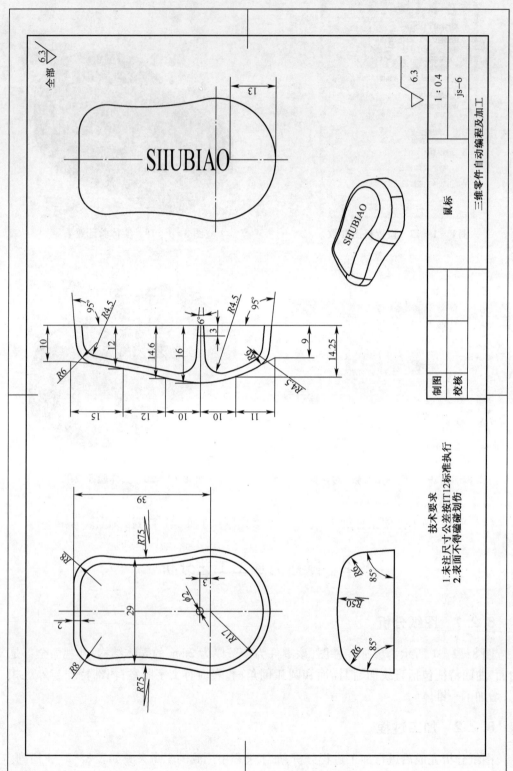

图 8-2-1　鼠标零件图

228

表 8-2-1　工量具清单

序号	类别	名　称	规　格	数量	备注
1	材料	铝合金	60mm×48mm×17mm	1个	
2	刀具	高速钢立铣刀	ϕ12mm、ϕ8mm、ϕ6mm	各1支	
		高速钢球头铣刀	ϕ8-R4mm		
		中心钻	ϕ3mm		
		钻头	ϕ7.8mm、ϕ5.1mm		
		机用丝锥	M6		
3	夹具	精密平口虎钳	0~300mm	1套	
4	量具	游标卡尺	1~150mm	1把	
		千分尺	0~25mm、25~50mm、5~75mm	各1把	
		深度千分尺	0~25mm	1把	
		内测千分尺	5~30mm	1把	
5	工具	铣夹头		2个	
		钻夹头		1个	
		弹簧夹套	ϕ12、ϕ8、ϕ6mm	各1个	与刀具配套
		平行垫铁		1副	装夹高度6mm
		锉刀	中锉	1把	
		油石		1支	

（1）毛坯选择:依据图纸,材料选择硬铝,毛坯尺寸 60mm×48mm×17mm 一块。

（2）结构分析:零件为壳体结构,由曲面形成,非标准几何体,考虑毛坯尺寸大小,在加工时,零件的装夹应重点考虑,需要设计辅助工装来完成加工。

（3）精度分析:在零件图上尺寸均为自由公差,技术要求规定未标注尺寸公差为±0.15mm。表面粗糙度全部要求 Ra3.2mm,无形位公差,在加工时应合理安排加工工艺,重点考虑工件的装夹和加工变形等问题。

（4）定位及装夹分析:工件的装夹方法直接影响零件的加工精度和加工效率,必须根据结构考虑。该零件毛坯为方形材料,采用精密平口钳直接装夹无法完成鼠标外表面的加工,可考虑增加材料的方法保证装夹,实现外表面加工。如图 8-2-2 所示在毛坯的适当位置设计一个装夹块,加工时定好位,确保鼠标件有足够的加工余量。在加工前应将装夹块和辅助工装设计及加工完毕。

鼠标外表面加工后,去除装夹块,外形为不规则几何体,最终鼠标件是壁厚为2mm的壳体,一是用虎钳无法安装,二是加工时刚性差,易变形。因此必须设计工装,用于零件加工。

为解决上述问题,可在一块保证垂直度要求的六面体上,定位加工一个与鼠标外表面相吻合的凹面,加上压板,如图 8-2-3 所示工装示意图,即可完成零件安装和加工需要。

（5）加工工艺分析:经过以上分析,考虑到零件安装问题,零件加工时总体安排顺序是,先加工外表面,后加工凹面。

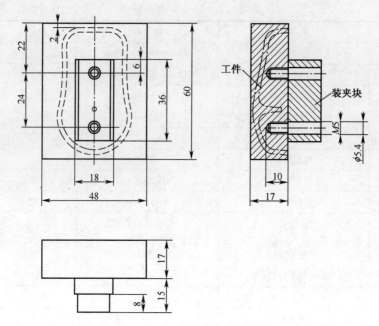

图 8-2-2　外表面加工装夹块位置设计图

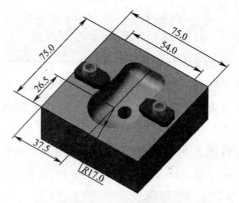

图 8-2-3　工装示意图

8.3　鼠标壳加工编程过程

8.3.1　鼠标壳自动编程及加工——正面加工

步骤一、启动 Mastercam X7 打开文件

（1）启动 Mastercam X7,选择"文件"→"打开"命令,弹出"打开"对话框,选择"三维零件自动编程及加工训练．mcx"文件。

（2）单击"打开"对话框中的"确定"按钮,将该文件打开。将图层 2 设置为当前图层,并单击工具栏上的"等角视图"按钮 ，此时图形区显示如图 8-3-1 所示的界面。

步骤二、选择加工系统

图 8 - 3 - 1 等角视图显示

选择"机床类型"→"铣床"→"默认"命令,此时系统进入铣削加工模块。

步骤三、素材设置

(1) 双击 "属性 Mill Default MM" 标识,展开"属性"后的"操作管理器"。

(2) 选择"属性"选项下的"材料设置"命令,系统弹出"机器群组属性"对话框,选择"材料设置"选项卡,设置毛坯形状为矩形,选中"显示"选项区域中的"线框加工"单选按钮,在显示窗口中以线框形式显示毛坯。

(3) 素材原点为(0,11,9),长为 60mm,宽为 40mm,高为 29mm,单击"机器群组属性"对话框中的"确定"按钮,完成加工工件设置,如图 8 - 3 - 2 所示。

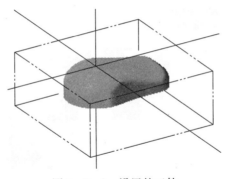

图 8 - 3 - 2 设置的工件

步骤四、外形铣削加工

1. 启动外形铣加工

(1) 选择"刀具路径"→"等高外形"命令,弹出"输入新 NC 名称"对话框,重命名为"鼠标"。

(2) 单击"确定"按钮,在弹出的"串连选项"对话框中将图层 1 打开,选择鼠标的轮廓线。单击"确定"按钮,完成选择,弹出"2D 刀具路径-等高外形"对话框,如图 8 - 3 - 3 所示。

2. 设置加工刀具

(1) 在"2D 刀具路径-等高外形"对话框左侧的"参数类别列表"中选择"刀具"选项,出现"刀具设置"对话框。

(2) 在对话框中右侧的空白处右击鼠标,选择"创新新刀具"按钮,弹出"定义刀具"对话框,在"类型"中选择"平底刀","平底刀"中输入刀具直径为 12mm,"参数"中输入数值,如图 8 - 3 - 4 所示。

(3) 单击"确定"按钮确定后,返回"2D 刀具路径-等高外形"对话框。

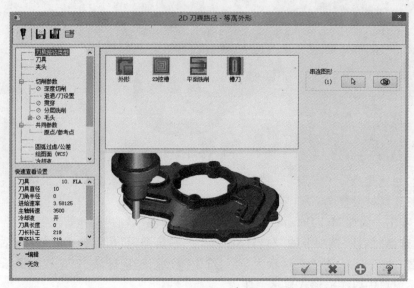

图 8-3-3 "2D 刀具路径-等高外形"对话框

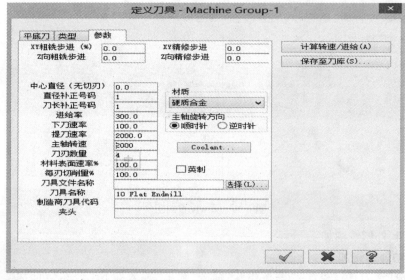

图 8-3-4 "定义刀具"对话框

3. 设置切削参数、深度切削参数、分层切削参数

在左侧的"参数类别列表"中选择"切削参数"选项,弹出"切削参数"对话框,设置"壁边预留量"为 0.5mm,底边预留量为"0"。单击"深度切削参数"选项,设置"最大粗切步进量"为 5mm,勾选"不提刀"选项,其他选项为默认状态即可。单击"进/退刀参数"选项,弹出"深度切削参数"对话框,勾选"进/退刀参数"和"进刀"两个选项,并设置圆弧切入切出半径为 0.3mm。其余选项默认即可。单击"分层切削"选项,弹出"分层切削参数"对话框,勾选"分层切削",设置粗加工"次数"为"2",间距为"9"。其余选项默认状态。

4. 设置外形铣削高度参数

在左侧的"参数类别列表"中选中"共同参数"节点,设置高度参数,如图 8-3-5 所示。

232

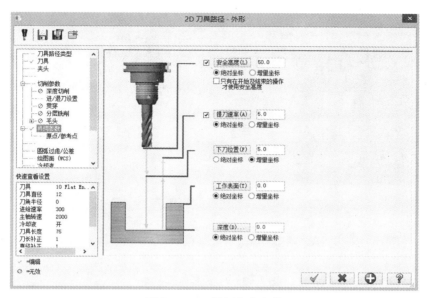

图 8-3-5　设置高度参数

5. 生成刀具路径并验证

（1）完成加工参数设置后,产生加工刀具路径。然后单击"操作管理器"中的"实体加工验证" 🎲 按钮,系统弹出"验证"对话框,单击 ▶ 按钮,模拟结果如图 8-3-6 所示。

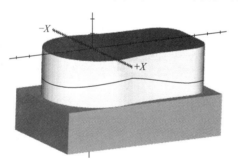

图 8-3-6　外形实体验证效果

（2）单击"验证"对话框中的"确定"按钮,结束模拟操作。然后单击"操作管理器"中的"关闭刀具路径显示" ≋ 按钮,关闭加工刀具路径的显示,为后续加工操作做好准备。

步骤五、曲面流线粗加工

1. 启动曲面流线粗加工

选择"刀具路径"→"曲面粗加工"→"曲面流线"命令,提示选择粗加工曲线,选择鼠标主体,单击 🔘 图标,单击"确定"按钮。弹出"曲面粗加工曲面流线"对话框。单击"刀具路径参数"选项,刀具选择 8mm 的平底刀,"曲面参数"选项参数设置如图 8-3-7 所示。选择"曲面流线粗加工参数"命令,参数设置如图 8-3-8 所示。

2. 生成刀具路径并验证

（1）完成加工参数设置后,产生加工刀具路径。然后单击"操作管理器"中的"实体加工验证" 🎲 按钮,系统弹出"验证"对话框,单击 ▶ 按钮,模拟结果如图 8-3-9 所示。

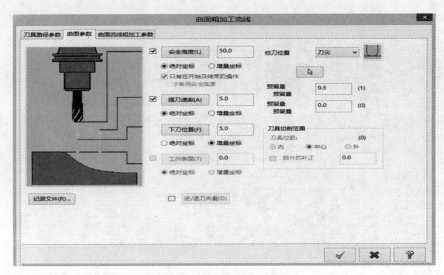

图 8-3-7　设置曲面参数

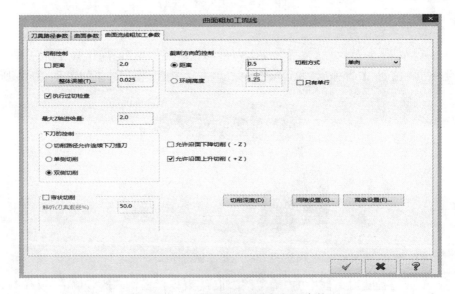

图 8-3-8　设置曲面流线粗加工参数

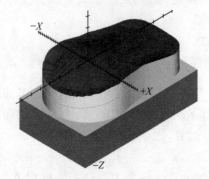

图 8-3-9　顶面粗加工实体验证效果

（2）单击"验证"对话框中的"确定"按钮,结束模拟操作。然后单击"操作管理器"中的"关闭刀具路径显示" ≈ 按钮,关闭加工刀具路径的显示,为后续加工操作做好准备。

步骤六、环绕等距加工

1. 启动环绕等距加工

选择"刀具路径"→"曲面精加工"→"环绕等距"命令,选择加工曲面。单击选择主体选项,选择鼠标整体,确定,弹出刀具路径的曲面选取窗口,确定,弹出曲面精加工环绕等距窗口→刀具路径参数,创建一把直径为 8mm 的球头刀,参数设置如图 8-3-10 所示。选择"曲面参数"选项,参数设置如图 8-3-11 所示。选择"环绕等距精加工参数"选项,设置如图 8-3-12 所示。

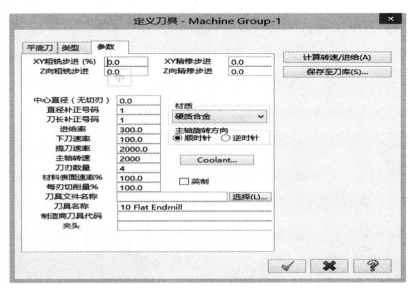

图 8-3-10　设置刀具参数

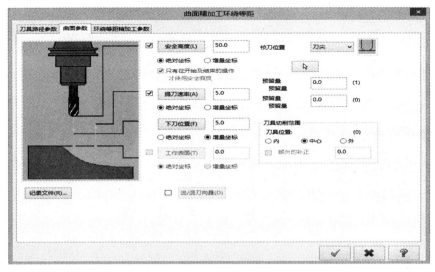

图 8-3-11　设置曲面参数

图 8 - 3 - 12　设置环绕等距精加工参数

2. 生成刀具路径并验证

（1）完成加工参数设置后，产生加工刀具路径，如图 8 - 3 - 13 所示。然后单击"操作管理器"中的"实体加工验证" 🔷 按钮，系统弹出"验证"对话框，单击 ▶ 按钮，模拟结果如图 8 - 3 - 14 所示。

（2）单击"验证"对话框中的"确定"按钮，结束模拟操作。然后单击"操作管理器"中的"关闭刀具路径显示" ≈ 按钮，关闭加工刀具路径的显示，为后续加工操作做好准备。

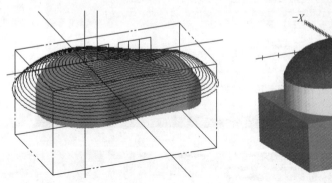

图 8 - 3 - 13　生成刀具路径（一）

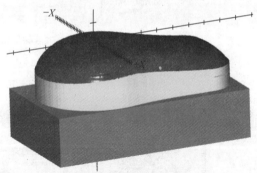

图 8 - 3 - 14　顶面精加工实体验证效果

步骤七、环绕等距精加工

1. 启动环绕等距加工

选择"刀具路径"→"曲面精加工"→"环绕等距"命令，单击"参数"选项，在"刀具路径参数"对话框中，将进给速率设为"1200"，主轴转速设为"3500"。在"曲面参数"对话框中，将预留量均设为"0"。在"环绕等距精加工参数"对话框中，将最大切削间距设置为 0.5。

2. 生成刀具路径并验证

（1）完成加工参数设置后，产生加工刀具路径。然后单击"操作管理器"中的"实体加工验证" 🔷 按钮，系统弹出"验证"对话框，单击 ▶ 按钮，模拟结果。

（2）单击"验证"对话框中的"确定"按钮,结束模拟操作。然后单击"操作管理器"中的"关闭刀具路径显示" ≈ 按钮,关闭加工刀具路径的显示,为后续加工操作做好准备。（方法同上,只是将切削参数加以改变）

8.3.2 鼠标壳自动编程及加工——反面加工

步骤一、新建刀具路径群组

（1）在桌面左侧的操作管理处,右击"群组"→"新建刀具路径群组"命令,新建一个刀具路径群组,便于操作。

（2）复制一个鼠标的三维零件图到第 3 图层,并将第 3 图层设为当前图层。在菜单栏中的"转换"→"旋转"→选中实体并确定 ,弹出"旋转"对话框,单击"移动"选项,输入旋转角度为180°,单击"确定"。

（3）在"转换"→"平移"→选中实体并确定,弹出"平移"对话框,单击"移动"选项,直角坐标系中输入 Y 平移距离为"－16",单击"确定"按钮,如图 8－3－15 所示。

图 8－3－15　平移、旋转后所得图

步骤二、标准挖槽加工

1. 启动挖槽加工

选择"刀具路径"→"曲面粗加工"→"标准挖槽"命令,提示选择粗加工曲线,选择鼠标主体,单击"确定"。弹出刀具路径的曲面对话框,"边界范围"选取鼠标的轮廓线,弹出"曲面粗加工挖槽"对话框。单击"刀具路径参数"选项中刀具创建一把直径为 8mm 的平底刀,刀具参数设置如图 8－3－16 所示。"曲面参数"选项参数设置不变,选择"粗加工参数"→"切削深度"命令,参数设置"绝对坐标"中深度设置为"－10"。选择"挖槽参数"中的切削方式为平行环切。其余参数设置为默认方式。

2. 生成刀具路径并验证

（1）完成加工参数设置后,产生加工刀具路径,如图 8－3－17 所示。然后单击"操作管理器"中的"实体加工验证" 🔲 按钮,系统弹出"验证"对话框,单击 ▶ 按钮,模拟结果,如图 8－3－18 所示。

（2）单击"验证"对话框中的"确定"按钮,结束模拟操作。然后单击"操作管理器"中的"关闭刀具路径显示" ≈ 按钮,关闭加工刀具路径的显示,为后续加工操作做好准备。

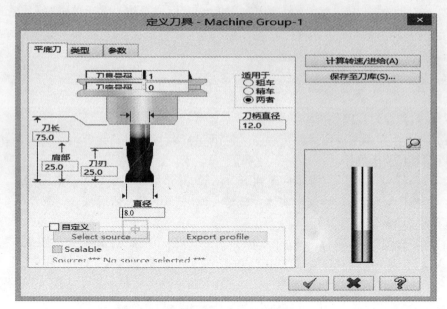

图 8-3-16 设置刀具参数

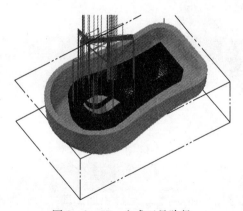

图 8-3-17 生成刀具路径

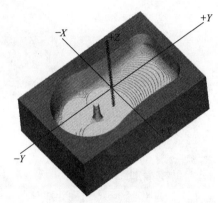

图 8-3-18 凹曲面粗加工实体验证效果

步骤三、环绕等距加工

1. 启动环绕等距加工

选择"刀具路径"→"曲面精加工"→"环绕等距"命令,选择加工曲面。单击选择主体选项,选择鼠标整体,确定,弹出刀具路径的曲面选取窗口,选取鼠标轮廓线为界限范围,确定,弹出曲面精加工环绕等距窗口→刀具路径参数,选直径为8mm的球头刀,参数设置不变。选择"曲面参数"选项,预留量设置为"0.1",另一个预留量为"0"。选择"环绕等距精加工参数"选项,最大切削间距设置为"2",并勾选"由内而外切选项"。"切削深度"→"最高的位置"为"-0.5","最低的位置"为"-20"。

2. 生成刀具路径并验证

(1) 完成加工参数设置后,产生加工刀具路径,如图8-3-19所示。然后单击"操作管理器"中的"实体加工验证" 🪨 按钮,系统弹出"验证"对话框,单击 ▶ 按钮,模拟结果如图8-3-20所示。

238

（2）单击"验证"对话框中的"确定"按钮，结束模拟操作。然后单击"操作管理器"中的"关闭刀具路径显示" ≈ 按钮，关闭加工刀具路径的显示，完成三维零件的自动编程及加工。

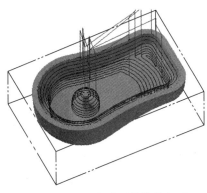

图 8 - 3 - 19　生成刀具路径(三)

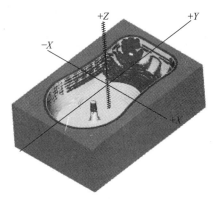

图 8 - 3 - 20　侧面加工实体验证效果

步骤四、环绕等距精加工

1. 启动环绕等距加工

在窗口左侧的"操作管理"处，勾选步骤三所建立的环绕等距加工，复制，在红色三角箭头处粘贴。单击"参数"→"曲面参数"→"预留量"均设为"0"→"环绕等距精加工参数"→"最大切削间距"设为"0.3"，由内而外环切。其他选项均保持默认状态即可。

2. 生成刀具路径并验证

（1）完成加工参数设置后，产生加工刀具路径，如图 8 - 3 - 21 所示。然后单击"操作管理器"中的"实体加工验证" ⬢ 按钮，系统弹出"验证"对话框，单击 ▶ 按钮，模拟结果，如图 8 - 3 - 22 所示。

（2）单击"验证"对话框中的"确定"按钮，结束模拟操作。然后单击"操作管理器"中的"关闭刀具路径显示" ≈ 按钮，关闭加工刀具路径的显示，三维零件的自动编程及加工完成。

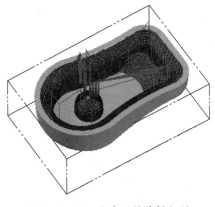

图 8 - 3 - 21　生成刀具路径(四)

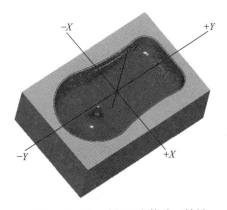

图 8 - 3 - 22　精加工实体验证效果

第 9 章
企鹅模型四轴加工

◢ 本章要点

　　四轴加工是在三轴加工的基础上附加一个回转轴,因此四轴加工可以加工具有回转轴线的零件,或者被加工图素绕旋转轴均布的零件。同时四轴加工能够简化零件装夹工艺,缩短加工辅助时间,改善了零件的加工质量。通过本章的学习应能掌握企鹅模型四轴加工过程及四轴加工中刀具路径的选择以及相应参数的设置。

◢ 零件图分析

　　单击工具栏"打开",找到企鹅模型所在文件夹,打开即可导入企鹅模型。图 9 - 1 - 1 所示为企鹅模型,包含外轮廓、实体等图素,模型可分为企鹅和底座两大部分,企鹅组成曲面比较复杂,底座属于回转对称架构比较简单。

图 9 - 1 - 1　企鹅模型

9.1　企鹅模型加工工艺分析

　　根据图纸加工内容准备表 9 - 1 - 1 所示工量夹具清单。加工企鹅模型时,如果采用三轴机床加工深度将限制刀具的长度,使得刀具无法切削全部企鹅曲面,因此选择四轴机床完成,将企鹅装夹在第四轴上,使企鹅模型回转轴线与第四轴轴线重合。加工时将企鹅分正面向上进行一次定向加工,然后将企鹅反面向上进行第二次定向加工,即企鹅本体分

240

正反两个实体面,先选择加工正面部分粗、精加工一起实现,然后反面装夹,加工反面部分粗、精加工也一起实现。精加工选取加工表面时需要注意边界选取。

从加工策略选择角度分析,企鹅加工可以分为两个部分:第一个部分为曲面粗加工,第二个部分为曲面精加工,另外比较重要的是由于且立式安装在三轴机床上,因为刀具长度限制,无法加工到企鹅的所有深度,其次企鹅体包含大小曲面变化,刀具无法加工到较小的曲面内容,因此加工时需要选择四轴机床,并且水平放置装夹在第四轴上,粗加工时分两次完成,精加工时分两次完成,底座选择四轴联动加工即可完成。通过分析可知四轴加工一般需要定向加工与联动加工配合才能更好地完成零件加工。

表 9-1-1 工量夹具表

序号	类别	名 称	规 格	数量	备注
1	材料	铝合金	$\phi60mm \times 120mm$	1	
2	刀具	高速钢立铣刀	$\phi12mm$、$\phi8mm$、$\phi6mm$	各 1 支	
		高速钢圆鼻刀	$\phi12mm \sim R0.5mm$		
		高速钢球头刀	$\phi8 \sim R4mm$、$\phi4 \sim R2mm$		
3	夹具	精密平口虎钳	$0 \sim 300mm$	1 套	
4	量具	游标卡尺	$1 \sim 150mm$	1 把	
		千分尺	$25 \sim 50mm$、$50 \sim 75mm$、$100 \sim 125mm$	各 1 把	
5	工具	铣夹头	C32	2 个	
		钻夹头		1 个	
		弹簧夹套	$\phi12mm$、$\phi8mm$、$\phi6mm$、$\phi4mm$	各 1 个	与刀具配套
		平行垫铁		1 副	装夹高度 6mm
		锉刀	6 寸	1 把	
		油石		1 支	

9.2 企鹅模型加工编程过程

9.2.1 企鹅模型自动编程及加工——正面加工

步骤一、启动 Mastercam X7 打开文件

(1) 启动 Mastercam X7,选择"文件"→"打开"命令,弹出"打开"对话框,选择"企鹅模型 .mcx"文件。

(2) 单击"打开"对话框中的 按钮,将该文件打开。打开图层 1 中的模型图,单击工具栏上的"等视图" 按钮,此时图形区显示如图 9-2-1 所示的界面。

步骤二、选择加工系统

选择"机床类型"→"铣床"→"默认"命令,此时系统进入铣削加工模块。

步骤三、素材设置

双击"属性- Mill Default MM"标识,展开"属性"后的"操作管理器",选择"属性"选项下的"材料设置"命令,系统弹出"机器群组属性"对话框,选择"材料设置"选项卡,设置毛坯形状为圆柱体,选中"显示"选项区域中的"线架加工"单选按钮,在显示窗口中以线框形式显示毛坯,素材原点为(-27,0,0),直径为85mm,长度为119mm,绕 X 轴,单击"机器群组属性"对话框中的☑按钮,完成加工工件设置,如图 9-2-2 所示。

图 9-2-1　等视图

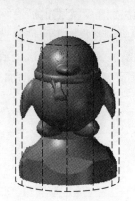
图 9-2-2　设置的工件

步骤四、2D 挖槽加工

1. 启动挖槽加工

(1)选择"刀具路径"→"R 曲面粗加工"→"K 粗加工挖槽"命令,弹出"输入新 NC 名称"对话框,重命名为"企鹅模型四轴加工"。

(2)单击"确定"按钮,进入选择加工曲面,如图 9-2-3 所示。

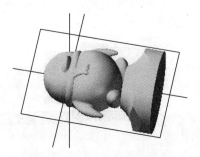
图 9-2-3　选取加工曲面

(3)在工具栏处单击绿色图标,确定,如图 9-2-4 所示。

图 9-2-4　选取绿色图标

(4)弹出"刀具路径的曲面选取"对话框,如图 9-2-5 所示。边界选取如图 9-2-6 所示。

(5)单击"确定",弹出"曲面粗加工挖槽"对话框,"刀具路径参数"选项中刀具选择 16mm 的平底刀,建立刀具前面案例已经说明,这里就不重复了。

(6)选择"曲面参数"选项,预留量设为"0.3",其他参数设置如图 9-2-7 所示。

242

图 9-2-5 "刀具路径的曲面选取"对话框

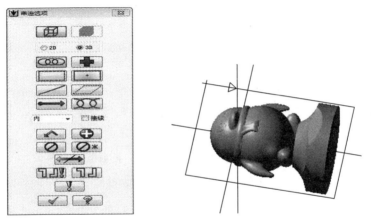

图 9-2-6 选取边界轮廓

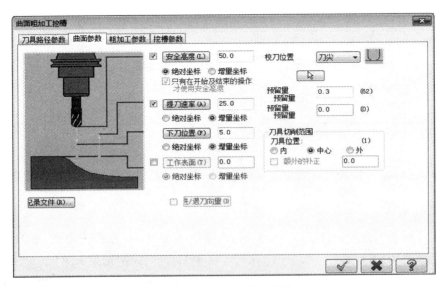

图 9-2-7 设置曲面参数

（7）选择"粗加工参数"选项，Z轴最大进给量为1mm，其他参数设置如图9-2-8所示。"切削深度"最高位置设为"42.5"，最低位置设为"-1.0"，如图9-2-9所示。

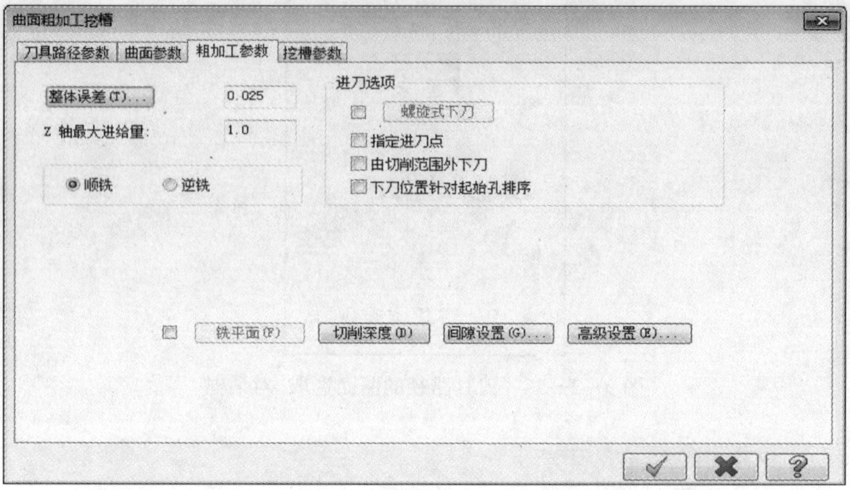

图9-2-8　设置粗加工参数

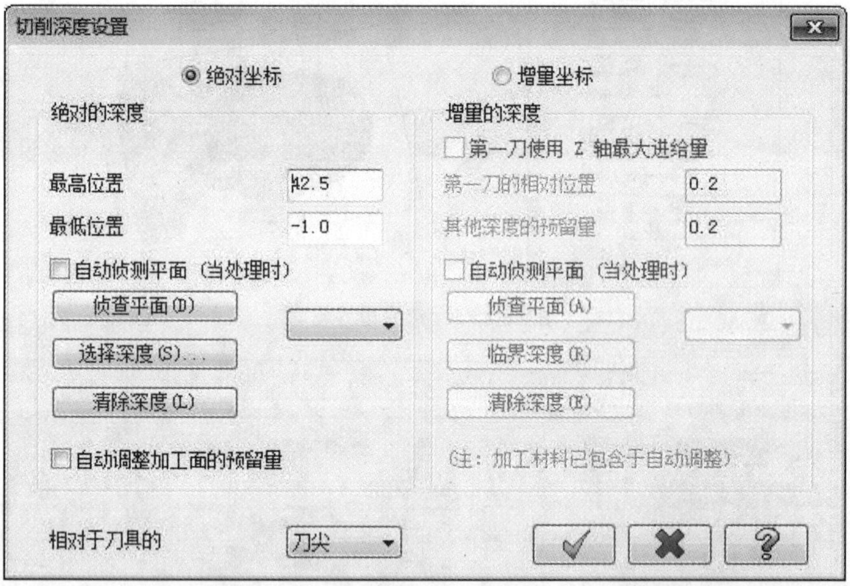

图9-2-9　设置切削深度

（8）选择"挖槽参数"选项，切削方式选择"平行环切"，其他参数设置如图9-2-10所示。

2. 生成刀具路径并验证

（1）完成加工参数设置后，产生加工刀具路径，然后单击"操作管理器"中的"实体加工验证" ⬡ 按钮，系统将弹出"验证"对话框，单击 ▶ 按钮，模拟结果如图9-2-11所示。

（2）单击"验证"对话框的"确定"按钮，结束模拟操作。然后单击"操作管理器"中的"关闭刀具路径显示" ≋ 按钮，关闭加工刀具路径的显示，为后续加工操作做好准备。

244

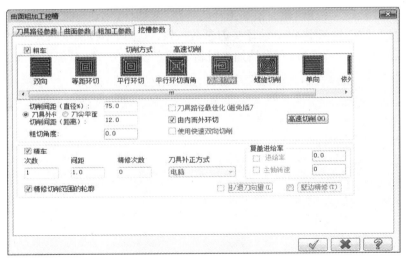

图 9-2-10　设置挖槽参数

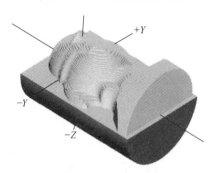

图 9-2-11　企鹅正面粗加工实体验证效果

步骤五、环绕等距半精、精加工

1. 启动环绕等距加工

（1）选择"刀具路径"→"F 曲面精加工"→"环绕等距"命令,单击"确定"按钮,进入选择"加工曲面"与 2D 挖槽选取曲面相同,在工具栏处单击绿色图标,确定。

（2）弹出"刀具路径的曲面选取"对话框,选取边界范围如图 9-2-12 所示。

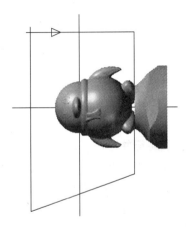

图 9-2-12　选取边界轮廓

245

（3）单击"确定"，弹出"曲面精加工环绕等距"对话框，创建一把直径为4mm的球头刀，参数设置与前面例子中4mm的球头刀参数一致，这里就不详细说明。

（4）选择"曲面参数"选项，半精加工时将预留量设为"0.1"，精加工时将预留量设为"0"，其他参数设置如图9-2-13所示。

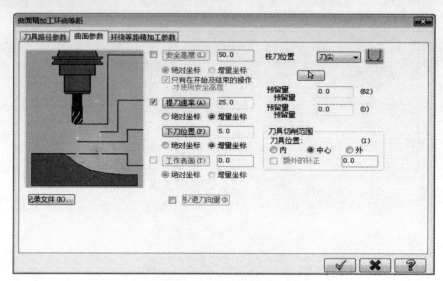

图9-2-13　设置曲面参数

（5）选择"环绕等距精加工参数"选项，半精加工时最大切削间距设为"0.5"，精加工时最大切削间距设为"0.3"，其他参数设置9-2-14所示。

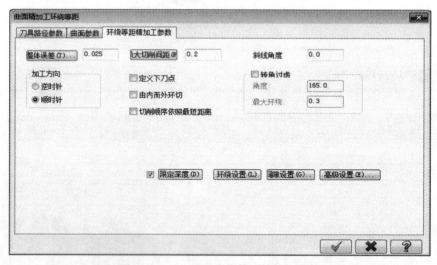

图9-2-14　设置环绕等距精加工参数

2. 生成刀具路径并验证

（1）完成加工参数设置后，产生加工刀具路径，然后单击"操作管理器"中的"实体加工验证"按钮，系统将弹出"验证"对话框，单击 ▶ 按钮，模拟结果如图9-2-15所示。

（2）单击"验证"对话框的"确定"按钮，结束模拟操作。然后单击"操作管理器"中的"关闭刀具路径显示" ≈ 按钮，关闭加工刀具路径的显示，为后续加工操作做好准备，企

246

鹅正面加工结束。

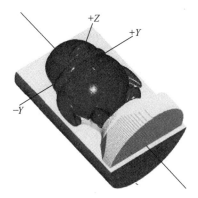

图 9 - 2 - 15　企鹅正面精加工实体验证效果

9.2.2　企鹅模型自动编程及加工——反面加工

步骤一、图层建立与模型处理

（1）打开图层 1，复制到图层 2，再隐藏图层 1。

（2）单击"打开"对话框中的 按钮，将该文件打开。打开图层 2 中的模型图，将企鹅模型在右视图中旋转 180°，再进入俯视图如图 9 - 2 - 16 所示界面。

图 9 - 2 - 16　俯视图

步骤二、2D 挖槽加工

1）粗加工过程

（1）选择"刀具路径"→"R 曲面粗加工"→"K 粗加工挖槽"命令，弹出"输入新 NC 名称"对话框，重命名为"企鹅模型四轴加工"。

（2）单击"确定"按钮，进入选择加工曲面，如图 9 - 2 - 17 所示。

（3）在工具栏处单击绿色图标，确定。

（4）弹出"刀具路径的曲面选取"对话框，如图 9 - 2 - 18 所示。边界选取如图 9 - 2 - 19 所示。

（5）单击"确定"，弹出"曲面粗加工挖槽"对话框，"刀具路径参数"选项中刀具选择 16mm 的平底刀，建立刀具前面案例已经说明，这里就不重复了。

（6）选择"曲面参数""粗加工参数""切削深度""挖槽参数"与企鹅正面加工 2D 挖槽参数设置一样。

图 9-2-17 选取加工曲面　　　　　　　　图 9-2-18 "刀具路径的曲面选取"对话框

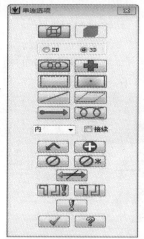

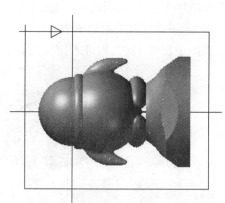

图 9-2-19 选取边界轮廓

2. 生成刀具路径并验证

（1）完成加工参数设置后，产生加工刀具路径，然后单击"操作管理器"中的"实体加工验证" 按钮，系统将弹出"验证"对话框，单击 按钮，模拟结果如图 9-2-20 所示。

（2）单击"验证"对话框的"确定"按钮，结束模拟操作。然后单击"操作管理器"中的"关闭刀具路径显示" 按钮，关闭加工刀具路径的显示，为后续加工操作做好准备。

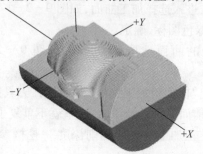

图 9-2-20 企鹅背面粗加工实体验证效果

248

步骤三、环绕等距半精、精加工

1. 启动环绕等距加工

（1）选择"刀具路径"→"F曲面精加工"→"环绕等距"命令，单击"确定"进入选择"加工曲面"与2D挖槽选取曲面相同，在工具栏处单击绿色图标，确定。

（2）弹出"刀具路径的曲面选取"对话框，选取边界范围如图9－2－21所示。

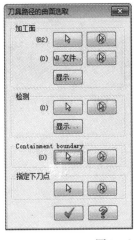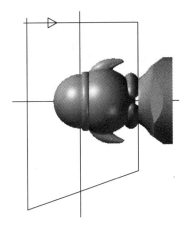

图9－2－21　选取边界轮廓

（3）单击"确定"，弹出"曲面精加工环绕等距"对话框，创建一把直径为4mm的球头刀，参数设置与前例中4mm球头刀参数一致，这里就不详细说明。

（4）选择"曲面参数""环绕等距精加工参数"选项，半精加工时将预留量设为"0.1"，最大切削间距设为"0.5"；精加工时将预留量设为"0"，最大切削间距设为"0"，其他参数设置与企鹅正面加工等距环绕参数设置一样。

2. 生成刀具路径并验证

（1）完成加工参数设置后，产生加工刀具路径，然后单击"操作管理器"中的"实体加工验证"按钮 ▉，系统将弹出"验证"对话框，单击按钮 ▶，模拟结果如图9－2－22所示。

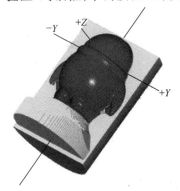

图9－2－22　企鹅背面精加工实体验证效果

（2）单击"验证"对话框的"确定"按钮，结束模拟操作。然后单击"操作管理器"中的"关闭刀具路径显示" ≈ 按钮，关闭加工刀具路径的显示，为后续加工操作做好准备，企鹅反面加工结束。

9.2.3 企鹅模型自动编程及加工——凸台精加工

1. 启动多轴刀具路径加工

选择"刀具路径"→"多轴刀具路径"→"旋转五轴"命令,如图9-2-23所示。

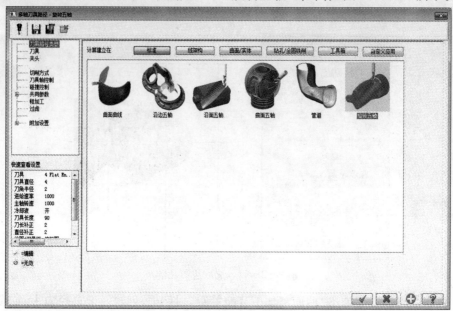

图9-2-23 "多轴刀具路径-旋转五轴"对话框

2. 设置加工刀具

在"刀具路径-多轴刀具路径"对话框左侧的"参数类别列表"中选择"刀具"选项,出现"刀具设置"对话框,选择刀具如图9-2-24所示。参数设置与前例中4mm的球头刀参数一致。

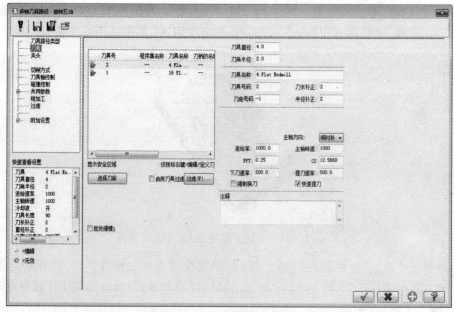

图9-2-24 "刀具设置"对话框

250

3. 设置切削方式

在左侧的"参数类别列表"中选择"切削方式"选项,弹出"切削方式"对话框,曲面选择如图9-2-25所示,凸台底面之前已加工完,这里只加工凸台支撑面,开放式轮廓的方向设为"单向",其他参数设置如图9-2-26所示。

图9-2-25　选取曲面轮廓

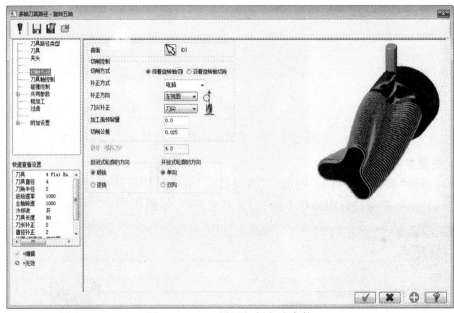

图9-2-26　设置切削方式参数

4. 设置刀具轴控制参数

在左侧的"参数类别列表"中选择"刀具轴控制"选项,弹出"刀具轴控制"对话框,刀具轴控制使用四轴,绕旋转轴切削选择"使用中心点",刀具轴旋转点选取凸台底面圆心如图9-2-27所示,最大步进量改为"0.2"。其他参数设置如图9-2-28所示。

图9-2-27　选取刀具轴旋转点

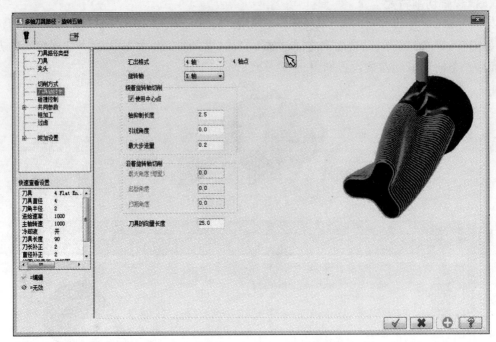

图 9-2-28 设置刀具轴控制参数

5. 设置共同参数

在左侧的"参数类别列表"中选中"共同参数"节点,弹出"共同参数"对话框,共同参数两刀具切削间隙保持在距离 0.2mm,设置高度参数,如图 9-2-29 所示。

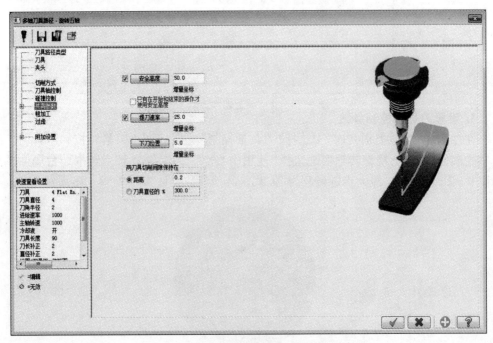

图 9-2-29 设置共同参数

252

6. 生成刀具路径并验证

（1）完成加工参数设置后，产生加工刀具路径，然后单击"操作管理器"中的"实体加工验证"按钮 ⬢，系统将弹出"验证"对话框，单击 ▶ 按钮，模拟结果如图9-2-30所示。

（2）单击"验证"对话框的"确定"按钮，结束模拟操作。然后单击"操作管理器"中的"关闭刀具路径显示" ≈ 按钮，关闭加工刀具路径的显示，为后续加工操作做好准备，企鹅反面加工结束。

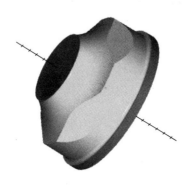

图9-2-30　底座精加工实体验证效果

第 10 章
整体叶轮五轴加工

◀ 本章要点

五轴加工是在三轴加工的基础上附加两个回转轴,因此五轴加工与四轴加工一样,可以加工一般三轴数控机床所不能加工或很难一次装夹完成加工的连续、平滑的复杂曲面。同时五轴加工能够提高空间自由曲面的加工精度、质量和效率。在本章主要介绍整体叶轮的五轴加工过程。本章应重点掌握五轴加工中"叶片专家"加工策略的参数设置。

◀ 零件图分析

单击工具栏"打开",找到叶轮模型所在文件夹,打开即可导入叶轮模型。图 10-1-1 所示为叶轮模型,根据作用及结构不同,叶轮一般包含主叶片、分流叶片、轮毂面和包裹面,如图所示叶轮轮毂面上的大叶片为主叶片,小叶片为分流叶片,叶片外沿面为包裹面。

图 10-1-1　叶轮模型

10.1　叶轮模型加工工艺分析

加工叶轮模型时,由于叶轮的毛坯是车削加工的半成品,以及叶轮的包裹面一般已经加工完成或者留有很小的加工余量,因此加工时需要掌握包裹面的余量情况,一般叶轮装夹有两种方式,即自定心卡盘装夹和自制夹具装夹,对于精度较高的叶轮一般采用专用夹具装夹。

叶轮加工主要分为四部分内容,流道粗加工,目的是去除主叶片之间或者主叶片与分流叶片之间的大部分余量;叶片加工,目的是对主叶片或者分流叶片进行半精加工和精加工;流道加工,目的是对叶片间的轮毂面即流道进行半精加工和精加工;倒圆角,目的是加工叶片与轮毂面之间的圆角。叶轮的种类有很多但是其加工工艺基本相同,叶轮所用的工量夹具如表 10-1-1 所示。

表 10-1-1　工量夹具表

序号	类别	名称	规格	数量	备注
1	材料	铝合金	ϕ60mm×120mm	1	
2	刀具	高速钢球头刀	ϕ8mm~R4mm、ϕ4~R2mm	各1支	
3	夹具	精密平口虎钳	0~300mm	1套	
4	量具	游标卡尺	1~150mm	1把	
		千分尺	25~50mm、50~75mm、100~125mm	各1把	
5	工具	铣夹头	C32	2个	
		钻夹头		1个	
		弹簧夹套	ϕ8mm、ϕ4mm	各1个	与刀具配套
		平行垫铁		1副	装夹高度6mm
		锉刀	6寸	1把	
		油石		1支	

10.2　叶轮模型加工编程过程

步骤一、启动 Mastercam X7,打开文件

(1) 启动 Mastercam X7,选择"文件"→"打开"命令,弹出"打开"对话框,选择"叶轮模型.mcx"文件。

(2) 单击"打开"对话框中的 ✓ 按钮,将该文件打开。打开图层 1 中的模型图,单击工具栏上的"等视图" ⚙ 按钮 ,此时图形区显示如图 10-1-2 所示的界面。

图 10-1-2　等视图

步骤二、选择加工系统

选择"机床类型"→"铣床"→"默认"命令,此时系统进入铣削加工模块。

步骤三、素材设置

双击"属性－Mill Default MM"标识,展开"属性"后的"操作管理器",选择"属性"选项下的"材料设置"命令,系统弹出"机器群组属性"对话框,选择"材料设置"选项卡,设置毛坯形状为圆柱体,选中"显示"选项区域中的"线架加工"单选按钮,在显示窗口中以线框形式显示毛坯,素材原点为(0,0,0),直径为180mm,长度为170mm,绕Z轴,单击"机器群组属性"对话框中的☑按钮,完成加工工件设置,如图10－1－3所示。

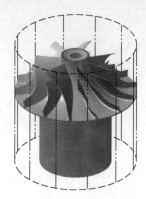

图10－1－3　设置的工件

步骤四、加工出叶轮毛坯

加工叶轮之前首先要将叶轮的毛坯加工出来如图10－1－4所示。

图10－1－4　叶轮毛坯

步骤五、多轴刀具路径——叶轮粗加工

1. 启动多轴刀具路径

(1)选择"刀具路径"→"多轴刀具路径(M)"命令,弹出"输入新NC名称"对话框,重命名为"叶轮模型四轴加工"。

(2)单击"确定"按钮,进入刀具路径类型,选择"自定义应用"→"叶片专家",如图10－1－5所示。

(3)选择"刀具",在右边空白处单击右键创建新刀具,如图10－1－6所示。创建直径为8mm的球头刀,如图10－1－7所示。

(4)选择"切削方式"右边界面的加工方式为"粗加工",方式选择"从中心偏移",排序方式"单向,由前边缘开始",次序"由左至右",其他设置参数如图10－1－8所示。

(5)选择"定义组件"自定义组件中的叶轮叶片圆角的预留量为"0.3",集线器预留量为"0.3",区段数量为叶轮的分流道数目,这里数目为"7",单击叶片圆角后的箭头图标

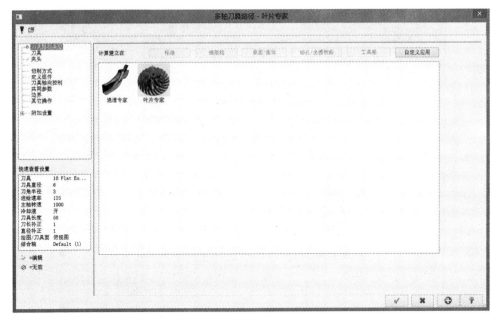

图 10-1-5 设定刀具路径类型

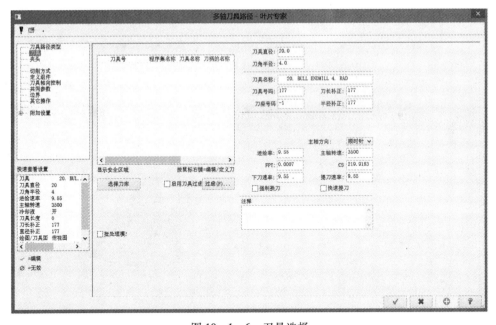

图 10-1-6 刀具选择

，弹出"叶轮叶片表面的选择"对话框，如图 10-1-9 所示，单击"增加"进而选择叶片圆角如图 10-1-10 所示，再按键盘 Enter 或者单击图标上 绿色按钮，之后会再次弹出"选择叶片圆角"对话框，单击"执行系统"会自动计算结果，返回自定义组件对话框，其他参数设置如图 10-1-11 所示。

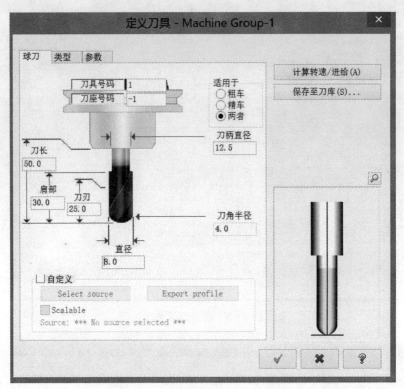

图 10-1-7 创建直径 8mm 的球头刀

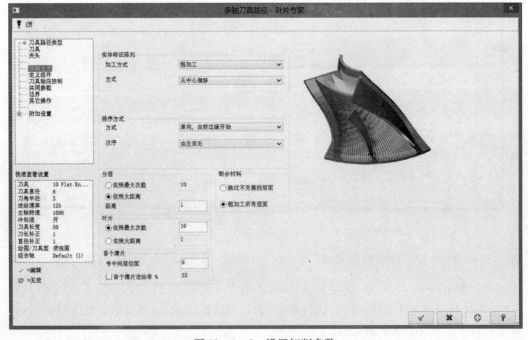

图 10-1-8 设置切削参数

图 10 - 1 - 9 "叶轮叶片表面的选择"对话框

图 10 - 1 - 10 选择叶片圆角

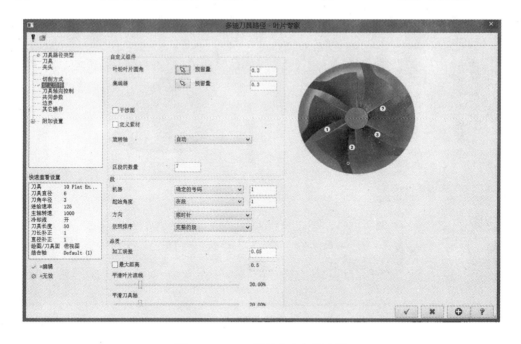

图 10 - 1 - 11 设置定义组件参数

（6）选择"刀具轴向控制"最大角度步进量为"3"，快速移动的最大角度步进量为"5"，其他参数设置如图 10 - 1 - 12 所示。

（7）选择"共同参数"，先不勾选左上方"自动"，薄片之间连接、每层之间连接参数选定后，再勾选"自动"。进给下刀位置距离为"10"，其他参数设置如图 10 - 1 - 13 所示。

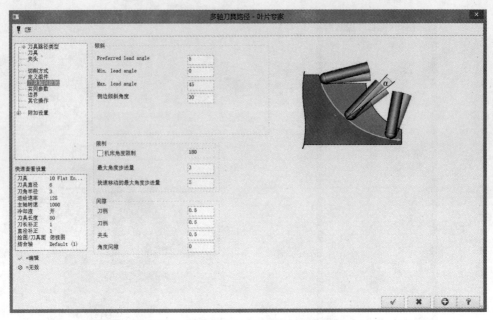

图 10-1-12　设置刀具轴向控制参数

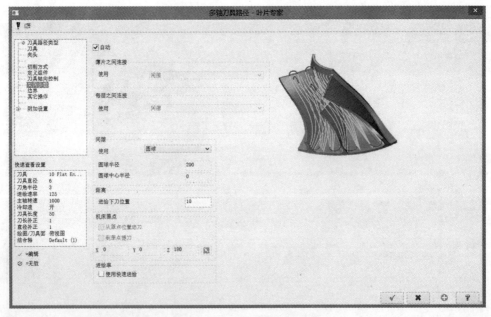

图 10-1-13　设置共同参数

2. 生成刀具路径并验证

（1）完成加工参数设置后,产生加工刀具路径,然后单击"操作管理器"中的"实体加工验证" 按钮,系统将弹出"验证"对话框,单击 按钮,模拟结果如图 10-1-14 所示。

（2）单击"验证"对话框的"确定"按钮,结束模拟操作。然后单击"操作管理器"中的"关闭刀具路径显示" 按钮,关闭加工刀具路径的显示,为后续加工操作做好准备。

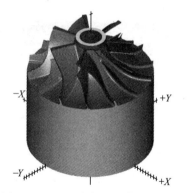

图 10 - 1 - 14　粗加工实体验证效果

步骤六、多轴刀具路径——叶片精加工

1. 启动多轴刀具路径

（1）选择"刀具路径"→"多轴刀具路径（M）"命令，进入刀具路径类型，选择"自定义应用"→"叶片专家"。如图 10 - 1 - 15 所示。

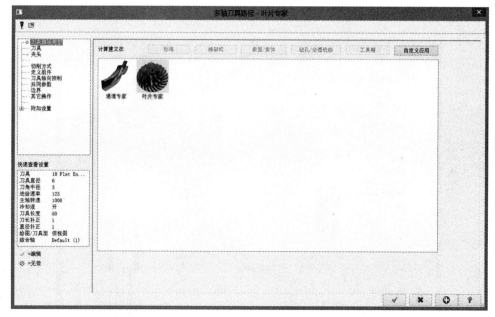

图 10 - 1 - 15　设定刀具路径类型

（2）选择"刀具"，在右边空白处单击右键创建新刀具，如图 10 - 1 - 16 所示。创建直径为 6mm 的球头刀，如图 10 - 1 - 17 所示。

（3）选择"切削方式"右边界面的加工方式为"叶片精加工"，方式选择"从中心偏移"，排序方式"单向，由前边缘开始"，切削方向选择"顺铣"，其他设置参数如图 10 - 1 - 18 所示。

（4）选择"定义组件"，自定义组件中的叶轮叶片圆角的预留量为 0，集线器预留量为 0，区段数量为叶轮的分流道数目，这里数目为 7，单击叶片圆角后的箭头图标 ，弹出"叶轮叶片表面的选择"对话框，如图 10 - 1 - 19 所示，单击"增加"进而选择叶片圆角如

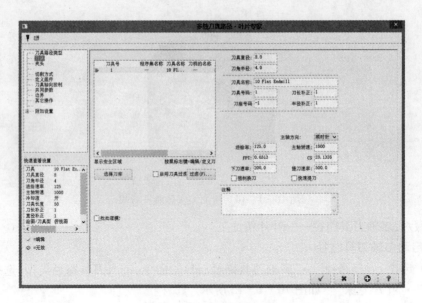

图 10 - 1 - 16　创建新刀具

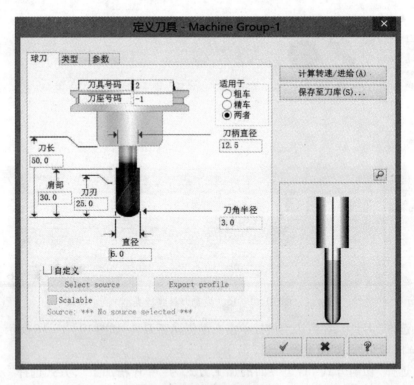

图 10 - 1 - 17　创建球头刀

图 10 - 1 - 20 所示,再按键盘 Enter 或者单击图标上 绿色按钮,之后会再次弹出"选择叶片圆角"对话框,单击"执行系统"会自动计算结果,返回自定义组件对话框,其他参数设置如图 10 - 1 - 21 所示。

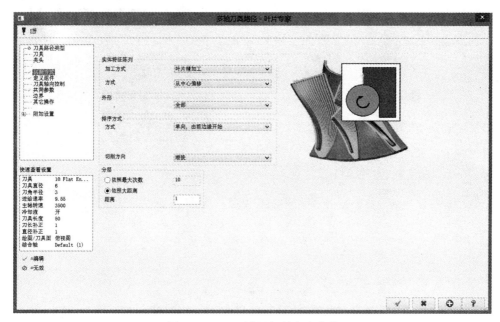

图 10 - 1 - 18　设置切削方式参数

图 10 - 1 - 19　"叶轮叶片表面的选择"对话框

图 10 - 1 - 20　选择叶片圆角

（5）选择"刀具轴向控制"最大角度步进量为"3"，快速移动的最大角度步进量为"5"，其他参数设置如图 10 - 1 - 22 所示。

（6）选择"共同参数"，先不勾选左上方"自动"，选择"每层之间连接"参数"使用"为"间隙"，再勾选"自动"。进给下刀位置距离为"10"，其他参数设置如图 10 - 1 - 23 所示。

2. 生成刀具路径并验证

（1）完成加工参数设置后，产生加工刀具路径，然后单击"操作管理器"中的"实体加工验证"按钮 ，系统将弹出"验证"对话框，单击 按钮，模拟结果如图 10 - 1 - 24 所示。

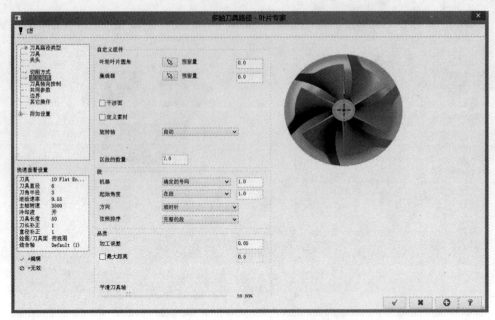

图 10 - 1 - 21　设置定义组件参数

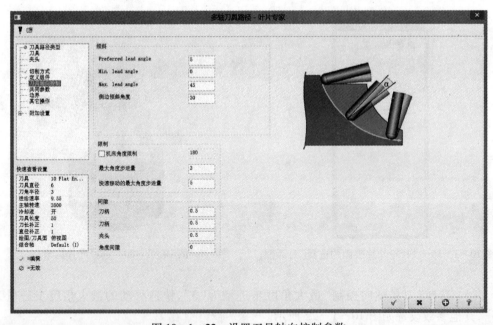

图 10 - 1 - 22　设置刀具轴向控制参数

（2）单击"验证"对话框的"确定"按钮,结束模拟操作。然后单击"操作管理器"中的"关闭刀具路径显示" ≋ 按钮 ,关闭加工刀具路径的显示,为后续加工操作做好准备。

步骤七、多轴刀具路径——轮毂精加工

1. 启动多轴刀具路径

（1）选择"刀具路径"→"多轴刀具路径（M）"命令,进入刀具路径类型,选择自定义应用→叶片专家。如图 10 - 1 - 25 所示。

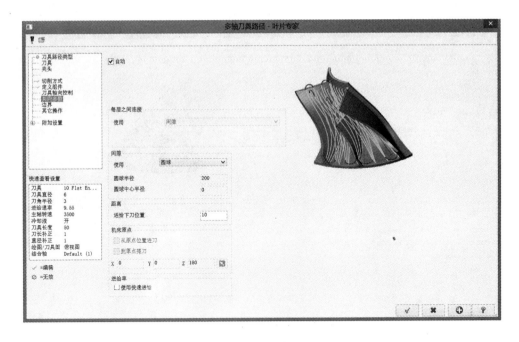

图 10 - 1 - 23　设置共同参数

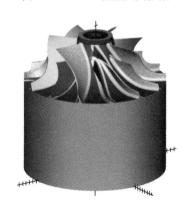

图 10 - 1 - 24　叶片精加工实体验证效果

（2）选择"刀具"，选择已创建好直径为 6mm 的球头刀，如图 10 - 1 - 17 所示。

（3）选择"切削方式"右边界面的加工方式为"轮毂修整"，排序方式"单向，由前边缘开始"，次序"由左至右"，其他设置参数如图 10 - 1 - 25 所示。

（4）选择"定义组件"自定义组件中的叶轮叶片圆角的预留量为 0，集线器预留量为 0，区段数量为叶轮的分流道数目，这里数目为"7"，单击叶片圆角后的箭头图标 ，弹出"叶轮叶片表面的选择"对话框，如图 10 - 1 - 26 所示，单击"增加"进而选择叶片圆角如图 10 - 1 - 27 所示，再按键盘 Enter 或者单击图标上 绿色按钮，之后会再次弹出"选择叶片圆角"对话框，单击"执行系统"会自动计算结果，返回自定义组件对话框，其他参数设置如图 10 - 1 - 30 所示。

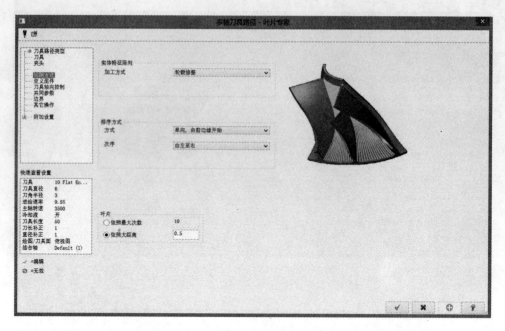

图 10 - 1 - 25　设置切削方式参数

图 10 - 1 - 26　"叶轮叶片表面的选择"对话框

图 10 - 1 - 27　选择的叶片与轮毂

（5）选择"刀具轴向控制"最大角度步进量为 3mm，快速移动的最大角度步进量为 5mm，其他参数设置如图 10 - 1 - 29 所示。

（6）选择"共同参数"，先不勾选左上方"自动"，"薄片之间连接"方式"使用"为"间隙"，再勾选"自动"。进给下刀位置距离为 10mm，其他参数设置如图 10 - 1 - 30 所示。

2. 生成刀具路径并验证

（1）完成加工参数设置后，产生加工刀具路径，然后单击"操作管理器"中的"实体加

266

工验证"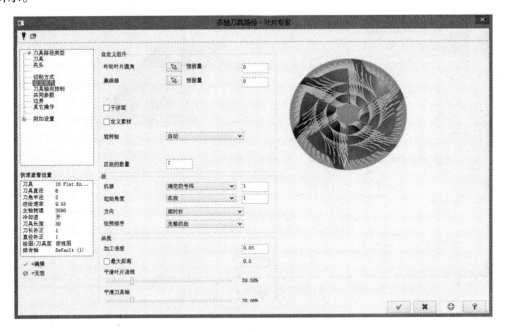按钮,系统将弹出"验证"对话框,单击▶按钮,模拟结果,如图 10 - 1 - 31 所示。

图 10 - 1 - 28　设置自定义组件参数设置

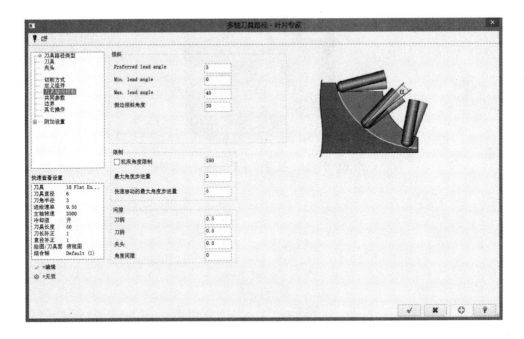

图 10 - 1 - 29　设置刀具轴向控制参数

（2）单击"验证"对话框的"确定"按钮,结束模拟操作。然后单击"操作管理器"中的"关闭刀具路径显示"≋按钮,关闭加工刀具路径的显示,叶片的精加工完成。

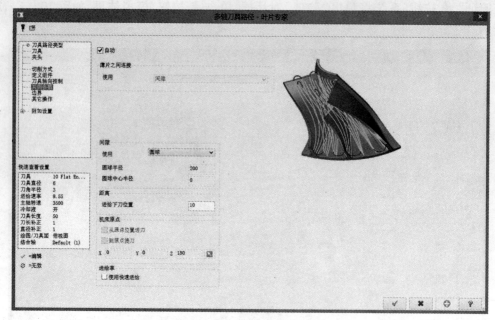

图 10 - 1 - 30　设置共同参数

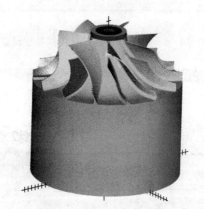

图 10 - 1 - 31　流通精加工实体验证效果

第11章
MasterCAM后置处理

在使用 MasterCAM 软件时,对被加工的零件表面进行刀位计算后将生成一可读的刀位源程序,由于数控机床有其自身的软件、硬件特性,这种刀位文件还不能直接送给数控机床供其加工控制使用,必须进行转换修改．以满足机床控制系统的特定要求。这种转换修改过程我们称之为后置处理。即数控加工的后置处理就是通过后置处理器读取由 CAM 系统生成的刀具路径文件,从中提取相关的加工信息,并根据指定数控机床的特点及 NC 程序格式要求进行分析、判断和处理,最终生成数控机床所能直接识别的 NC 程序。数控加工后置处理是 CAD/CAM 集成系统非常重要的组成部分,它直接影响 CAD/CAM 软件的使用效果及零件的加工质量。

11.1　后置处理介绍

不同的 MasterCAM 系统后置处理模块不同,从处理的原理上考虑,分为专用后置处理模块和通用后置处理模块。一般来说,专用后置处理模块工作原理是,刀位文件经过一个专用后置处理模块为各自机床提供服务。而通用后置处理模块工作原理是后置处理文件首先读入刀位文件和机床数据文件,然后根据机床数据所描述的格式形式,对刀位文件进行编译转换,生成 NC 代码,提供给机床数据文件所描述的机床使用。

一种完善的后置处理器应具备以下功能。

接口功能:后置处理器能自动识别、读取不同的 CAD/CAM 软件所生成的刀具路径文件。

NC 程序生成功能:数控机床具有直线插补、圆弧插补、自动换刀、刀具偏置、冷却等一系列的功能,功能的实现是通过一系列的代码组合实现的,代码的结构、顺序由数控机床规定的 NC 格式决定。

专家系统功能:后置处理器不只是对刀具路径文件进行处理、转换,还要能加入一定的工艺知识,如高速加工的处理、加工时切削参数的选择等。

反向仿真功能:以 NC 代码指令集及其相应参数设置为信息源的仿真。它包括两部分:NC 程序的主体结构检查,NC 程序语法结构检查和数控加工过程仿真。数控加工过程仿真以 NC 程序为基础,模拟仿真加工过程,判断运动轨迹的正确性及加工参数的合理性。

DNC 信息的传输:目前,DNC 通信接口一般采用 RS232C 串行接口,保证数据传输的正确性,完成字符位数、奇偶校验、停止位、传输速率等。

综上所述,要使所生成的数控程序直接应用于数控机床加工,则必须针对每一台数控机床定制专用的后置处理器。这就要求开发人员熟悉所用的 CAM 系统及所生成的刀具路径文件的格式、熟悉所用数控机床及其数控系统代码功能及其表述格式。而这一工作是智力密集和劳动密集兼而有之的过程。

11.2 Mastercam 后置处理技术

11.2.1 后置处理结构

Mastercam 系统后置处理文件的扩展名为 PST,称为 PST 文件,它定义了切削加工参数、NC 程序格式、辅助工艺指令,设置了接口功能参数等,在应用 Mastercam 软件的自动编程功能之前,必须先对这个文件进行编辑,才能在执行后置处理程序时产生符合某种控制器要求的 NC 程序,也就是说后置处理程序可以将一种控制器的 NC 程序,定义成该控制器所使用的格式。不同系列的后置处理文件,在内容上略有不同,但其格式及主体部分是相似的,一般都包括以下八个部分。

1. 注解

程序每一列前有"#"符号表示该列为不影响程序执行的文字注解。mi = 2 表示定义编程时数值给定方式,若 mi = 0 为绝对值编程,mi = 1 为增量值编程。在这一部分里,定义了数控系统编程的所有准备功能 g 代码格式和辅助功能 m 代码格式。如:

```
# mi2 - absolute, or incremental positioning
0 = absolute
1 = incremental
```

2. 程序纠错

程序中可以插入文字提示来帮助纠错,并显示在屏幕上。如:

```
#error messages
psuberror # arc output not allowed "error - wrong axis used in axis substitu-
tion",e
```

3. 定义变量

变量定义主要进行数据类型、使用格式和常量赋值等。如规定 g 代码和 m 代码是不带小数点的两位整数,多轴加工中心的旋转轴的地址代码是 a、b 和 c,圆弧长度允许误差为 0.002,系统允许误差为 0.00005,进给速度最大值为 10m/min 等。

4. 定义问题

可以根据机床加工需要,插入一个问题给后置处理程序执行。如定义 NC 程序的目录,定义启动和退出后置处理程序时的 C - hook 程序名。

5. 字符串列表

字符串起始字母为 s,可以依照数值选取字符串,字符串可以由两个或更多的字符来组成。字符串 sg17,表示指定 XY 加工平面,NC 程序中出现的是 g17,scc1 表示刀具半径左补偿,NC 程序中出现的是 g41,字符串 sccomp 代表刀具半径补偿建立或取消。

6. 自定义单节

可以让使用者将一个或多个 NC 码作有组织的排列。自定义单可以是公式、变量、特殊字符串等：

```
pwcs # g54+ coordinate setting at toolchange if mil >1, pwcs_g54
```

表示用 pwcs 单节指代#g54+在换刀时坐标设定值,mil 定义为工件坐标系(g54~g59)

7. 预先定义的单节

使用者可按照数控程序规定的格式将一个或多个 NC 代码作有组织的排列,编排成一条程序段。

8. 系统问答

后置处理软件提出了五组问题,供使用者回答,可按照注解文字、赋值变量、字符串等内容,根据使用的机床、数控系统进行回答。

11.2.2　后置处理文件组成

后置处理文件编辑,一般应按照 NC 程序的结构模块来进行。根据 NC 程序的功能及组成,后置处理文件由如下六个部分组成。

1. 文件头

文件头部分设定程序名称和编号,并按照以下格式输出,

"%_n_(程序名及编号)_(路径)"。

2. 程序起始

在程序开始,要完成安全设定、刀具交换、工件坐标系的设定、刀具长度补偿、主轴转速控制、冷却液控制等,并可显示编程者、编程日期、时间等注解。修改后的有刀具号 PST 文件开头格式如下：

```
# start of file for non - zero tool number
......
pspindle (主轴转速计算)
pcom_movbtl (移动设备)
ptoolcomment (刀具参数注解)
......
pbld, n, * sgcode, * sgplane, "g40", "g80", * sgabsinc (快进、XY加工平面、取消刀
补、取消固定循环、绝对方式编程)
if mil <=one, pg92_rtrnz, pg92_rtrn, pg92_g92 (返回参考点)
......
pbld, n,  * sgcode,  * sgabsinc, pwcs, pfxout, pfyout, pfcout,  * speed,  *
spindle,pgear,pcan1(快进至某位置、坐标系置置、主轴转速等)
pbld, n, pfzout, * tlngno, scoolant, [ if stagetool = one, * next_tool](安全高
度、刀长补偿、开冷却液)
pcom_movea (加工过程)
```

3. 刀具交换

刀具交换执行前,须完成返回参考点、主轴停止动作,然后换刀,接着完成刀具长度补偿、安全设定、主轴转速控制。PST 文件中用自定义单节 ptlchg 指代换刀过程,编辑修改后的程序如下：

```
ptlchg # tool change
```

......

ptoolcomment（新刀参数注解）

comment（插入注解）

if stagetool <> two, pbld, n, *t, e（判断、选刀）

n, "m6"（换刀）

pindex（输出地址）

pbld, n, * sgcode, * sgabsinc, pwcs, pfxout, pfyout, pfcout, * speed, * spindle,pgear, pcan1（快进至某位置、坐标系偏置、主轴转速等）

pbld, n, pfzout, *tlngno, "m7", [if stagetool = one, *next_tool]（安全高度、刀长补偿号、开冷却液）

pcom_movea（加工过程）

4. 加工过程

这一过程是快速移动、直线插补、圆弧插补、刀具半径补偿等基本加工动作。对于大部分控制系统,这些加工动作的程序指令基本相同。

5. 切削循环

一般钻削（drill/cbore）、深孔啄钻（peck drill）、断屑钻（chip break）、右攻丝（tap）、精镗孔（bore#1）、粗镗孔（bore #2）,通过杂项选项（misc #1/misc #2）可设定左攻丝、背镗孔、盲孔镗孔、盲孔铰孔等循环,并采用 g73～g89 代码来表示。

6. 程序结尾

程序结尾一般情况下是取消刀补、关冷却液、主轴停止、执行回参考点,程序停止等动作。下面是修改后的 PST 程序结尾:

ptoolend_t #end of tool path, toolchange

......

pbld, n, sccomp, "m5", * scoolant, e（取消刀补、主轴停止、关冷却液）

pbld, n, * sg74, "z1 = 0. x1 = 0. y1 = 0.", e（返回参考点）

if mi2 = one, pbld, n, * sg74, "x1 = 0.", "y1 = 0.", protretinc, e

else, protretabs（程序结束）

11.3　后置处理文件的设定方法

11.3.1　后置处理文件编辑的一般规则

后置处理文件的编辑和设定一般对"问题"进行。PST 文件的每个问题前都有一个号码。若问题前没有号码,那么这个问题在执行后置处理时被忽略不用。回答号码 20 以前的问题时,需将所回答的文字键入问题的下一行,而且回答的内容可以包括多行;20 号以后的问题均带有问号且回答时直接写在问号的后面,这一类的问题常常是以"Y"或"N"来回答。另外回答问题时用到变量,不能用引号,而字符串则必须包围在引号之中（例如"G91 G28 Z0 M05"）,引号中的文字将按字符串的原样写入程序中。变量和字符之间要用逗号隔开。

常用的代码示例。

sg17	: "G17"	#XY plane code	XY 平面
sg19	: "G19"	#YZ plane code	YZ 平面
sg18	: "G18"	#XZ plane code	XZ 平面
sg00	: "G0"	#Rapid	快速移动代码为 G0
sg01	: "G1"	#Linear feed	直线切削代码为 G1
sg02	: "G2"	#Circular interpolation CW	顺时针圆弧
sg03	: "G3"	#Circular interpolation CCW	逆时针圆弧
sg04	: "G4"	#Dwell	暂停
scc0	: "G40"	#Cancel cutter compensation	取消刀具半径补偿
scc1	: "G41"	#Cutter compensation left	刀具半径左补偿
scc2	: "G42"	#Cutter compensation right	刀具半径右补偿
sm04	: "M4"	#Spindle reverse	主轴反转
sm05	: "M5"	#Spindle off	主轴停转
sm03	: "M3"	#Spindle forward	主轴正转

11.3.2 变量的使用

变量的定义在后置处理文件的开头部分已经作了说明,使用时可通过查阅了解变量的意义。变量在回答问题时一经使用,就会在生成的 NC 程序中表达确定的意义。如变量 spindle_on,转速为正或 0 时定义为 M03,为负时定义为 M04,如果回答问题时使用了该变量,则会在 NC 程序的相应部分写出 M03 或 M04。变量 prog_n 若写到问题 1 或 2 中,则在 NC 程序规划时给定的程序号将起作用。变量 First_tool 是用来呼叫程序中所使用的第一把刀的号码,此变量通常用于程序结束时,将使用中的刀具改变为第一把刀的号码,以便在下一次执行程序时使用。next_tool 用于无 T 字首的刀具号码,使用这个变量可在刀具被呼叫前,选择另一把刀来进行换刀。变量 xr、yr、zr 是用来定义程序中快速定位的 X、Y、Z 坐标位置。xh、yh、zh 是用来规定机械原点的位置,通常用于换刀和程序结束时使刀具返回机械原点。prev_x、prev_y、prev_z 则是用来定义刀具所在的前一个 X、Y、Z 坐标的位置。其他变量的定义可参看文件开头的说明。

11.3.3 后置处理文件的设定方法

后置处理文件中的大部分问题一般不需要作修改,使用时,通常只需对其中固定的某几个问题进行编辑。下面以 FANUC 系列的 .PST 文件为例,来说明设定的方法。

(1) 问题 0 的回答只能使用字符串,对于 FANUC 控制系统则必须设置为"%"。

(2) 以问题 2 的回答为例说明 2、4、5 问题的回答方法。假设在设定 NC 参数时所给的程序名为 test1,程序号为 1234,顺序号开始号码为 100 且增量值为 2,刀具号为 01,主轴转速为 1500r/min,则 .PST 文件格式及产生的 NC 程序对照如下。

.PST 文件的格式	NC 程序
prog_name	test1
Prog_n	1234
N, " G90 G54 G49 G40"	N100 G90 G54 G49 G40
N, "G00 X0 Y0"	N102 G00 X0 Y0
N, "M06" , t	N104 M06 T01
N, s, spindle_on	N106 S1500 M03

（3）问题 6 是用来设定当铣削状态改变而刀具号码并不改变时，其使用的变量与问题 2,4,5 中所使用的变量相同。

（4）问题 7,8,9 控制 NC 参数屏幕中 Text1,2,3 所设定的文字。

（5）问题 36 要求规定进给速度值小数点后允许的位数，若写为−1 时为整数。

（6）问题 37 设定的比例因数可使写到 NC 程序中的进给速度按此因数变化。

（7）问题 38 中要求设置快速进给速率的大小。

（8）问题 42 中若设定为 e（表示圆弧插补指令中用 R 编程）时，问题 43 必须回答为"Y"，则系统在后置处理时自动将大于 180 的圆弧打断为两段。

（9）问题 50~55 是使控制器中的 canned cycles 指令（G81~G89）被使用于 NC 程序中。

（10）问题 70 是用来设定几何图形中线与线或线与圆弧之间相接时的精确度，其值应保证连接外形时能自动连接。

（11）问题 81~89 是用于 NC 程序与数控机床传输与接收时的参数设定。

（12）问题 120 当使用者在换刀中使用 next_tool 变量时，应回答为"Y"。当后置处理系统很难执行时，电脑首先必须做一个刀具表，否则电脑无法了解在换刀要用到次一把刀进，什么刀具要来到次一把刀的位置。

（13）问题 190~196 是用于设定刀具路径显示时的内定值。

（14）问题 201~510 中的杂项变量是在线切割后处理系统中使用的。

11.4　总　　结

后置处理文件的编辑和设定，对所有的 CAD/CAM 软件来说都是需要的。但是一般的使用者经常忽略这一点，而是在每次生成 NC 程序后去对程序进行修改，不仅浪费时间，而且容易出错导致事故。本文对 Mastercam 软件的后置处理文件进行了分析和讨论，简单介绍了其编辑和设定的方法，希望对学习者有所启发。

参 考 文 献

[1] 谭积明. 数字制造技术技能实训教材[M]. 北京:清华大学出版社,2015.

[2] 何平. 控加工中心操作与编程实训教材[M]. 北京:国防工业出版社,2006.

[3] 薛山,薛芳. Mastercam X5 基础教材[M]. 北京:清华大学出版社,2011.

[4] 钟日铭,李俊华. Mastercam X3 基础教程[M]. 北京:清华大学出版社,2009.

[5] 刘文. Mastercam X3 中文版数控加工技术宝典[M]. 北京:清华大学出版社,2010.